Der
Prozeß Heinrichs des Löwen.

Kritische Untersuchungen

von

Ferdinand Güterbock

Berlin
Druck und Verlag von Georg Reimer
1909.

Meiner jungen Frau

zum 29. Dezember 1908.

Vorwort.

Es ist ein Bündel verschiedenartiger Untersuchungen, das ich hier bringe: Untersuchungen, die teils die politische, teils die Rechtsgeschichte betreffen. Zum Teil handelt es sich darum, ältere Anschauungen, die wenig Beachtung gefunden haben, wieder zu Ehren zu bringen; zum Teil versuche ich neue Auffassungen zu begründen, so namentlich bei Behandlung der rechtsgeschichtlichen Probleme.

Allerdings kann ich allgemeine Rechtsfragen in dem engen Rahmen meines Themas nur anschneiden, nicht erschöpfend behandeln. Auch muß ich die Nachsicht der Juristen erbitten, wenn ich mich als Historiker ohne juristische Schulung auf ein mir fremdes Gebiet wage. Aber auf dem Grenzgebiet der historischen und der juristischen Wissenschaft stellen sich ja den Vertretern beider Disziplinen Schwierigkeiten in den Weg; und die Gefahr liegt nahe, daß keiner einen Spatenstich tun will, daß der fruchtbarste Boden brach liegen bleibt. So ist das mittelalterliche Prozeßwesen der Salier- und Stauferzeit schon seit lange nicht mehr von der Forschung berührt worden. Wie hoch man aber auch die älteren Bücher von Franklin und Waitz bewerten mag, sie bedürfen doch an vielen Stellen noch einer systematischen Nachprüfung. Dazu möchte ich in diesen Untersuchungen eine Anregung liefern und vielleicht nach der einen oder anderen Richtung Pionierdienste leisten.

Den Herren Geheimrat HOLDER-EGGER und Professor ZEUMER sage ich besonderen Dank für das warme Interesse, das sie in so manchem Gespräch meinen quellenkritischen wie rechtshistorischen Studien entgegengebracht haben. Und herzlich danke ich meinem Freunde Dr. CASPAR, daß er mich beim Korrekturenlesen unterstützt und mir treulich geholfen hat, die Drucklegung in einer Zeit zu vollenden, in welcher ich selbst an der Arbeit behindert war.

Berlin, Ende Dezember 1908.

Ferdinand Güterbock.

Inhaltsübersicht.

Seite

Einleitung . . . . 1—4

Die Bedeutung des Themas 1 f. Die Literatur 3 f.

I. Zur Vorgeschichte des Prozesses (1175/76).

Kapitel 1. Die sagenhafte Zusammenkunft von Chiavenna oder Partenkirchen . . . . 5—28

Die Kontroverse 5 ff. Nicht stichhaltige Argumente 7 f. Die zeitgenössische Darstellung der Continuatio Aquicinctina 8 ff. Die Zeugnisse für die Zusammenkunft: Gobelinus Persona (Paderborner Annalen) 10 ff.; Gislebert von Mons 12 ff.; Arnold von Lübeck 15 ff.; der Lauterberger Chronist 17; Burchard von Ursperg u. a. 18; Otto von S. Blasien als Kronzeuge 19 ff. Widersprüche der Berichte untereinander 21 f. Ihre gemeinsame Quelle die mündliche Überlieferung 23 f. Typisches Beispiel einer Sagenentwickelung 25. Die Entstehungszeit der Sage 26. Bedeutung der Bänkelsängererzählungen 26 ff.

Kapitel 2. Der Konflikt zwischen Herzog und Kaiser in seinem tatsächlichen Verlauf . . . . 29—51

Die Lage des Kaisers in Italien 29 f. Heinrichs Hilfsverweigerung nach der Contin. Aquicinctina 30 f., nach Otto von S. Blasien und den Marbacher Annalen 31 f. Motive für die Hilfsverweigerung: der Streit um Goslar 32 ff.; der Streit um das Erbe Welfs 34 f.; Gegensatz der Charaktere 35 f.; Einflüsse auswärtiger Mächte 36—39 (Byzanz 37 ff., England 39). Allmähliche Entstehung des Konfliktes 40.

Die Bedeutung der Hilfsverweigerung: juristische oder moralische Verpflichtung Heinrichs 41 f.; unheilbarer Bruch oder lösbare Spannung 42—51. Heinrichs Fehden und die kaiserliche Vermittelungspolitik 44 f. Glaubwürdige Quellenzeugnisse für den Zorn des Kaisers 45 ff. Folgen der Hilfs-

Seite

verweigerung: die Niederlage von Legnano 48 f.; der Wechsel auf dem Halberstädter Bischofstuhl 49 f.: die Eröffnung des Prozesses 50 f.

II. Der Prozeß (1178/80).

Kapitel 1. Die Darstellung der Gelnhäuser Urkunde . . . . . . 52—74

Echtheit der Urkunde 52 f. Überlieferung des Textes 53. Authentische Schilderung des Prozesses 54. Drei Erklärungsversuche 55 f. Die letzte Interpretation Fickers 56 f. Die Interpretation von Waitz und die erste Fickers 57—67: *ex instanti principum querimonia* 59 f.; *sub feodali iure legitimo trino edicto ad nostram citatus audientiam* 60 f.; *ac precipue pro evidenti reatu maiestatis* 61 ff.; *pro multiplici contemptu* 65; *eo quod se absentasset* (die rechtliche Bedeutung des gerichtlichen Ungehorsams) 65 ff. Die Interpretation der Worte *et pro hac contumacia principum . . proscriptionis nostre inciderit sententiam* 68—71; *principum et sue conditionis Suevorum* 71 f. Deutsche Übersetzung 73.

Kapitel 2. Der Gegenstand der Klage . . . . 75—104

Die Kläger 75. Inhalt der Klage 75 f. Kontroversen 76 f. („Majestätsverbrechen‘, und „Hochverrat“ 76 N. 2). Die Hypothese eines wegen Hochverrats eingeleiteten Oberachtverfahrens 77—88 („Oberachtverfahren“ und „Oberacht“ 77 N. 1): Unterscheidung von Acht und Oberacht 77 f.; Analogien in Prozessen Ottos von Nordheim und Friedrichs des Streitbaren 79 f.; Quellenberichte über das Würzburger Urteil 81 ff.; Verwandtschaftsverhältnis der Magdeburger und der Pegauer Annalen 83 ff.; Irrtum des Pegauer Annalisten 85 f.; Zeugnis der Gelnhäuser Urkunde 86 f.; nur lehnrechtliches Urteil in Würzburg, kein Oberachtverfahren auf Grund des Hochverrats 87 f.

Quellen über die Hochverratsklage 89 f. Die Klage auf dem Wormser und dem Magdeburger Tag 90 ff., nicht vom Kaiser ausgehend 92 f. Verräterische Beziehungen Heinrichs zu England, Frankreich, Flandern 94 ff. Hochverrat nicht Hauptgrund der Verurteilung 97 f.

Der gerichtliche Ungehorsam als Grund der Verurteilung nach den Erfurter Annalen 98 f., nach der Erfurter Chronik 99 f., nach Arnold von Lübeck 100 f., nach den Pegauer Annalen 101. Nebengründe der Verurteilung 102 f. Ergebnis 103 f.

Seite

Kapitel 3. Das Verfahren nach Landrecht und nach Lehnrecht 105—146

Die Kontroverse über Zahl und Art der Verfahren 105 ff. Zwei Verfahren nach der Gelnhäuser Urkunde 107 f.

Das landrechtliche Verfahren 108—114. Stammesgenossen als Urteiler (wie im Prozeß Ottos von Nordheim, Ekberts von Meißen, Hugos von Tübingen) 109 f. Die Stammeszugehörigkeit bestimmt durch Lage des Stammsitzes 110 f. Der Brauch einer Rechtsprechung im Stammland und Heinrichs Einspruch wegen Nichteinhaltung dieser Sitte 111 ff. Das Achturteil 113 f.

Das lehnrechtliche Verfahren 114—125. Zuständigkeit des Lehnsgerichts auch bei nicht lehnrechtlichen Delikten 115 ff. Beispiele der Prozesse Heinrichs des Stolzen 116 f., Wittekinds von Schwalenberg 117 f., Friedrichs des Streitbaren 118 f., Ottokars von Böhmen 119 ff. Die Bedeutung des lehnrechtlichen Verfahrens neben dem landrechtlichen 122 ff. (Parallele des Disziplinargerichts 124).

Die Zahl der Ladungen nach Land- und Lehnrecht 125—146. Die herrschende Meinung von drei landrechtlichen Ladungen 125 f., im Widerspruch mit dem Wortlaut der Gelnhäuser Urkunde 126 f. Nach Lehnrecht drei sechswöchentliche Ladungen (Prozeß Konrads von Salzburg) 128 f. Nach Landrecht drei vierzehntägige Ladungen 129 ff.; das Gesetz „unum pro omnibus" 130 f.; am Hofgericht Zusammenziehung der drei Ladungen in eine: Beispiele Ottos von Nordheim 131 f., Lothars von Supplinburg 132 f., Friedrichs von Schwaben 133 f., Konrads von Salzburg 134 (dagegen nicht Adalberts von Salzburg 134 f.), Ottos von Wittelsbach 135 f., Friedrichs von Isenburg 136 ff., Ottokars von Böhmen 138 ff., Guidos von Flandern 142. Ergebnis 142 f. Strenge Einhaltung der Ladungsfristen 144 f. Bestätigung des Wortlauts der Gelnhäuser Urkunde 145 f.

Kapitel 4. Die einzelnen Gerichtstage . . . . 147—181

Übersicht der Quellen 147. Wertlosigkeit der Nachrichten Ottos von S. Blasien und des Lauterberger Chronisten 148 ff. Vier Termine 150 f. Datierung des vierten Tages zu Würzburg 151, des dritten Tages zu Kaina 151 f., des Tages zu Magdeburg 152; der Magdeburger Tag als zweiter Termin (Irrtum des Pegauer Annalisten) 153 ff.; erster Gerichtstermin zu Worms (nach Arnold und dem Kölner Chronisten) 155 ff. Einleitung des Prozesses zu Speier 158.

Seite

Kontroverse über die rechtliche Bedeutung der Termine 159f. Die vier Termine nicht land-, sondern lehnrechtlich 161. Die definitive Urteilsfällung nicht auf dem dritten, sondern auf dem vierten Tage 162ff. Die Klage des Kaisers als Grund der Vertagung 165f. Das Würzburger Urteil als Abschluß des lehnrechtlichen Verfahrens 166f.

Kontroverse über die Datierung des Achtspruchs 167. Ächtung weder in Kaina 168f., noch in Würzburg 169f. Jahr und Tag zwischen Acht und Oberacht 170f. Datierung der Oberacht 171f. Ächtung in Magdeburg 172—179: Quellenangaben über den Achtspruch 172f.; Anwesenheit von Schwaben in Worms und Magdeburg 173ff.; Hochverratsklage in Magdeburg 175f.; Forderung einer Bannbuße (Verhandlung von Haldensleben) 176f.; Quellenangaben über den Magdeburger Tag 177ff. Verkündung der Oberacht auf dem Regensburger Tag 179ff.

Schluß . . . . 182—187

Überblick über den Prozeßverlauf 182ff.; Folgen des Prozesses 185f. Die Charaktere Heinrichs und Kaiser Friedrichs 186f.

Regesten des Prozesses 188

Exkurs I. Fürstenstand und Fürstengericht . . . . 191—198

Der ältere Reichsfürstenstand 191f. Gerichte von Standesgenossen 193f. Das Wort *principes* 195. Die Gelnhäuser Urkunde als Beleg 195ff. Fürstengerichte im Landrecht (Schwabenspiegel) 197.

Exkurs II. Zum Gerichtsverfahren in der Salierzeit . . . . . 199—202

Die Prozesse Adalberos von Kärnten, Konrads von Bayern, Bertholds vou Kärnten 199f.; die Rudolfs von Rheinfelden und Ekberts von Meißen 201f. Noch kein lehnrechtliches Verfahren 202.

Exkurs III. Die Bedeutung von „Jahr und Tag“ . . . . . . 203—210

Die herrschende Ansicht: ein Jahr sechs Wochen drei Tage 203. Grimm und Fockema-Andreae: ein Jahr und ein Tag 204. Beweise: Keure für Nieuport 205, Glanvilla 206, Aliprand 206, Stadtrechtsmitteilung von Münster an Bielefeld 206f., Entwurf der Bulle *Qui celum* 207f., Nürnberger Reichstagsbeschluß 208. Ergebnis 208ff.

Abkürzungen.

DZG. = Deutsche Zeitschrift für Geschichtswissenschaft.
FDG. = Forschungen zur Deutschen Geschichte.
GGA. = Göttingische Gelehrte Anzeigen.
HZ. = Historische Zeitschrift.
MIÖG. = Mittheilungen des Instituts für österreichische Geschichtsforschung.
NA. = Neues Archiv der Gesellschaft für ältere deutsche Geschichtskunde.

MG. = Monumenta Germaniae historica.
Const. = Constitutiones et acta publica imperatorum et regum (Legum sectio IV).
SS. = Scriptores rerum Germanicarum.
SS. Rer. Germ. = Scriptores rerum Germanicarum in usum scholarum (Oktavausgabe).

Boehmer = J. F. Boehmer Regesta imperii.
Stumpf = K. F. Stumpf, Die Reichskanzler vornehmlich des 10., 11. und 12. Jahrhunderts Bd. II: Chronologisches Verzeichnis der Kaiserurkunden.

Einleitung.

Die Katastrophe Heinrichs des Löwen gehört zu den meist behandelten Problemen der mittelalterlichen Geschichte.

Der plötzliche Sturz des stolzen Herzogs von der Höhe der Macht, sein Konflikt mit dem ihm blutsverwandten Kaiser Friedrich Barbarossa[1]), mit dem er ein Menschenalter in Freundschaft gelebt hatte, war eine Begebenheit, die auf die Gemüter der Zeitgenossen tiefen Eindruck machen und auch die Phantasie späterer Geschlechter immer wieder fesseln mußte. Abgesehen von dem eigenartigen psychologischen Reiz, der dem Fall Heinrichs anhaftet, und der schon früh zu mannigfachen Sagenbildungen Anlaß bot, tritt uns hier ein welthistorisches Ereignis von ungewöhnlicher Tragweite entgegen: das Verschwinden einer so überragenden Persönlichkeit bedeutete einen Wendepunkt in der Entwicklung des sächsischen und des bayrischen Herzogtums, einen Wendepunkt in der deutschen Kolonisationsgeschichte und nicht minder in der Universalgeschichte des Reiches; denn die fast königliche Gewalt des welfischen Herzogs war eins der Fundamente gewesen, auf die der staufische

---

[1]) Über den Beinamen des Kaisers *rubeus* siehe H. Simonsfeld, Jahrbücher des Deutschen Reiches unter Friedrich I. Bd. I, 37 Note 82. Da der Beiname gerade in Italien auftaucht, so erscheint mir der italienische Ausdruck „Barbarossa" bezeichnender als die Verdeutschung „Rotbart", die sich bisher bei uns auch nicht in gleichem Maße eingebürgert hat.

Kaiser Jahrzehnte hindurch die Politik des Reiches gegründet hatte.

Zu dem allgemein menschlichen und historischen Interesse kommt die rechtsgeschichtliche Bedeutung des Prozesses. Wir besitzen über das mittelalterliche Gerichtsverfahren bis zum 12. Jahrhundert nur spärliche Nachrichten, und gerade der Prozeß gegen Heinrich den Löwen ist einer der ersten, über den die Quellen reichlicher fließen. Dieser Prozeß, der wichtigste der ganzen staufischen Zeit, wird von zahlreichen Chronisten erwähnt und von manchen auch genauer besprochen; und vor allem existiert neben den Erzählungen der Schriftsteller noch ein urkundliches Zeugnis mit der authentischen Darstellung des Kaisers.

Erscheint demnach für die Kenntnis der mittelalterlichen Rechtspflege der Prozeß Heinrichs von grundlegender Bedeutung, so bietet er zugleich der historischen Forschung eins der schwierigsten Probleme. Denn die Berichte der Chronisten weisen untereinander viele Widersprüche auf; und die urkundliche Darstellung zeigt eine überaus schwerfällige Fassung, die verschiedene Auslegungen gefunden hat. Von der Interpretation und Wertung der Quellen hängt aber naturgemäß alles ab: sowohl die Auffassung des Rechtsverfahrens, wie auch die Erklärung der für das Urteil maßgebenden Gründe; und hiermit in Verbindung steht dann die Frage nach den tieferliegenden Motiven, die zur Erhebung der Anklage und zur Verurteilung geführt haben, eine Frage, die wieder für den Geschichtschreiber von größter Wichtigkeit ist.

Bei einer solchen Sachlage kann es nicht wundernehmen, daß Geschichtsforscher und Rechtshistoriker gleicherweise an der Lösung des Problems gearbeitet, daß die scharfsinnigsten Geister sich an dem Wettstreit beteiligt haben. Namentlich im Verlauf der sechziger und im Anfang der siebziger Jahre, als die kritische Forschung zu hoher Blüte kam, ist die über den Prozeß entstandene

Literatur zu einer wahren Hochflut angeschwollen: COHN, PRUTZ, FECHNER, WEILAND, PHILIPPSON, HEIGEL, FRANKLIN, KLEMPIN, FICKER, HAHN und WAITZ griffen binnen eines Jahrzehnts in rascher Aufeinanderfolge, zum Teil wiederholt, in die Kontroverse ein[1]); und besonders die längeren Untersuchungen, die WEILAND, WAITZ und FICKER in den Forschungen zur Deutschen Geschichte veröffentlichten, trugen zur Klärung des Problems oder richtiger der Probleme wesentlich bei. Aber eine in jeder Beziehung befriedigende Lösung wurde nicht erreicht. So ist der Streit auch später nicht zur Ruhe gekommen: GIESEBRECHT, SCHEFFER-BOICHORST und DIETRICH SCHAEFER nahmen nun zu den Fragen nach oft entgegengesetzter Richtung hin Stellung[2]); und selbst in jüngster Zeit sind wiederum neue,

[1]) Die vor 1860 entstandene Literatur, die schon recht umfangreich ist, lasse ich hier unerwähnt. Ich beschränke mich auf die Aufzählung der nach 1860 veröffentlichten Arbeiten: A. COHN in FDG. I, 330 Note 2 (1862) und in GGA., Jahrg. 1863 S. 467 ff. und Jahrg. 1868 S. 1765 f.; H. PRUTZ, Historia Henrici Leonis Saxoniae Bavariaeque ducis 1176—1182 (Dissertation 1863) und Heinrich der Löwe S. 311 ff. (1865) und Kaiser Friedrich I. Bd. III, 37 ff. und 359 ff. (1874); H. FECHNER in FDG. V, 483 ff. (1865); L. WEILAND, Das sächsische Herzogtum unter Lothar und Heinrich dem Löwen S. 166 ff. (1866) und in FDG. VII, 157 ff., 169 ff. und 175 ff. (1867); M. PHILIPPSON, Heinrich der Löwe II, 222 ff. und 449 ff. (1867); C. TH. HEIGEL, Das Herzogthum Bayern zur Zeit Heinrichs des Löwen und Ottos I. von Wittelsbach S. 18 ff. (1867); O. FRANKLIN, Das Reichshofgericht im Mittelalter I, 87. 90 ff., II, 365 Note 2 (1867/69); R. KLEMPIN, Pommersches Urkundenbuch I, 56 ff. (1868); J. FICKER, Forschungen zur Reichs- und Rechtsgeschichte Italiens I, 175 ff. 183 ff. (1868) und in FDG. XI, 301 ff. (1871); H. HAHN, Die Söhne Albrechts des Bären S. 14 ff. im Jahresbericht der Luisenstädtischen Realschule (1869); G. WAITZ in FDG. X, 151 ff. (1870) und ebendort XI, 318 Note 1 (1871).

[2]) W. v. GIESEBRECHT, Geschichte der deutschen Kaiserzeit V, 903 ff., VI (herausgegeben und fortgesetzt von B. v. SIMSON) 562 ff. (1880/95); P. SCHEFFER-BOICHORST in DZG. III, 323 ff. (1890), mit Zusätzen wiederabgedruckt Zur Geschichte des 12. und 13. Jahr-

allerdings schwächere Kämpen, wie Klein und Lucas, erschienen[1]), die mit ihren Arbeiten immerhin dafür Zeugnis ablegen, daß das Interesse am Gegenstand nicht erlahmt ist, daß die Kontroverse nach wie vor fortdauert. Das Thema übt offenbar eine magnetische Anziehung aus, und es hat auch seinen eigenen Reiz, an der Lösung von Problemen mitzuwirken, an denen bereits Generationen von Forschern ihre Kräfte versucht haben.

Ehe wir jedoch auf die Fragen des Prozesses selbst eingehen, müssen wir uns seiner Vorgeschichte zuwenden; denn auch die Vorgeschichte birgt schon Probleme, die der Klärung dringend bedürfen.

---

hunderts S. 199 ff. (1897); D. Schaefer in HZ. LXXVI, 385 ff. (1896). Außerdem siehe noch S. Riezler (Heeren-Ukertsche Sammlung), Geschichte Baierns I, 710 ff. (1878); O. v. Heinemann, Zur Katastrophe Heinrichs des Löwen im Braunschweigischen Magazin vom 24. November und 8. Dezember 1895.

[1]) Klein, Das Gerichtsverfahren gegen Heinrich den Löwen im Jahresbericht des städtischen Realprogymnasiums in Swinemünde Nr. 180 (1902/03), vgl. dazu die Besprechung von D. Schaefer in HZ. XCI, 539 ff. (1903); F. Lucas, Zwei kritische Untersuchungen zur Geschichte Friedrichs I. Zweiter Teil: Die angebliche Zusammenkunft von Partenkirchen und der Sturz Heinrichs des Löwen (Berliner Dissertation 1904).

I.

Zur Vorgeschichte des Prozesses (1175/76).

Kapitel 1.

Die sagenhafte Zusammenkunft von Chiavenna oder Partenkirchen.

In dem Prozeß Heinrichs des Löwen ging die Erhebung der Anklage nicht vom Kaiser, sondern von den Fürsten und Großen aus. Aber mit den Fürsten hatte Heinrich schon häufig in Streit gelegen, ohne daß er deshalb zur Rechenschaft gezogen war: die Klagen der Fürsten konnten ihm wenig schaden, solange er in der Gunst des Kaisers stand; sie wurden ihm erst gefährlich, als er mit dem Kaiser in Zwist geriet. Der eigentliche Ausgangspunkt des Prozesses war daher der Konflikt zwischen Herzog und Kaiser.

Der Konflikt trat zum erstenmal zutage in der Hilfsverweigerung Heinrichs vor der Schlacht von Legnano. Ob die Verweigerung der Heeresfolge im Jahre 1176 von großer oder geringer Bedeutung für den Prozeß von 1178/80 gewesen ist, darüber gehen die Ansichten der Historiker weit auseinander. Eine Entscheidung läßt sich hier erst fällen, wenn zuvor eine andere Streitfrage gelöst ist, die Frage, in welcher Weise sich die Hilfsverweigerung abgespielt hat. Allgemein bekannt ist ja die Darstellung von der persönlichen Zusammenkunft, bei der der Kaiser um Hilfe bat, der Herzog die Hilfe verweigerte. Auch wenn man den Fußfall des Kaisers, den die Chronisten berichten, als sagenhafte Ausschmückung beiseite läßt, so müßte doch immer eine vom Kaiser gesuchte Unterredung, die ohne Erfolg blieb, erbitternd gewirkt und die spätere Einleitung des Prozesses beeinflußt haben. Aber es ist gerade die Frage, ob eine so verhängnisvolle Begegnung, die Heinrich den Löwen und Friedrich Barbarossa entzweite, überhaupt stattgefunden hat.

Ranke schildert die Begegnung in den leuchtendsten Farben, indem er den Herzog als kurzsichtigen Realpolitiker und den Kaiser als weitblickenden, ideale Ziele erstrebenden Staatsmann einander gegenübertreten läßt; und die sich anschließenden Ereignisse von Legnano und Venedig betrachtet er als Folgen jener Zusammenkunft, die ihm so „von welthistorischer Wichtigkeit" erscheint[1]). Mit Ranke halten fast alle deutschen Geschichtschreiber an der Existenz der Zusammenkunft fest. Vielfach umstritten ist nur, ob die Begegnung in Chiavenna oder Partenkirchen erfolgte und ob sich der Kaiser dem Herzog zu Füßen geworfen hat; die kritischsten Forscher wie Ranke, Cohn, Scheffer-Boichorst und Giesebrecht treten für die Annahme Chiavennas ein, und namentlich Giesebrecht erklärt sich gegen die Glaubwürdigkeit des Fußfalls[2]).

Andererseits hatte Olzberger schon in einem 1859/60 veröffentlichten Aufsatz die Existenz der Zusammenkunft in Zweifel gezogen[3]), ohne freilich damals nennenswerte Zu-

---

[1]) Ranke, Weltgeschichte VIII, 193 ff. Vgl. auch Deutsche Geschichte im Zeitalter der Reformation I, 25.

[2]) Cohn in GGA. Jahrg. 1863 S. 461 ff. und ebendort Jahrg. 1866 S. 618 ff.; Scheffer-Boichorst, Annales Patherbrunnenses S. 172 Note 4; Giesebrecht, Geschichte der deutschen Kaiserzeit V, 777 ff., VI, 525 ff. Vgl. daneben noch die Ausführungen von Heigel, Das Herzogthum Bayern S. 25 ff. und die wenig kritischen Arbeiten von Prutz, Heinrich der Löwe S. 443 ff. und Kaiser Friedrich I. Bd. II, 354 ff. und Philippson, Geschichte Heinrichs des Löwen II, 443 ff.

[3]) A. Olzberger, Hat Kaiser Friedrich I. vor der Schlacht bei Legnano dem Herzog Heinrich dem Löwen sich zu Füßen geworfen? im Programm des Gymnasiums zu Linz 1859/60.

stimmung zu finden. Bedenken äußerte erst wieder DIETRICH SCHAEFER bei Gelegenheit seiner Besprechung des Prozesses [1]), und im Anschluß an SCHAEFERS Auffassung hat neuerdings LUCAS in einer Dissertation den Beweis zu erbringen gesucht, daß die Zusammenkunft niemals stattgefunden habe [2]). Aber wie die Arbeit OLZBERGERS, fand auch die von LUCAS wenig Beachtung [3]). Da die Gründe, die bisher ins Feld geführt wurden, nicht überzeugt haben, kann ich hier eine nochmalige Untersuchung der Frage nicht umgehen: Ist Friedrich Barbarossa mit Heinrich dem Löwen im Winter 1175/76 persönlich zusammengetroffen?

Argumente für die Wahrscheinlichkeit oder Unwahrscheinlichkeit des Vorgangs, die herangezogen wurden, sind nicht stichhaltig [4]). So braucht z. B. eine Überschreitung der Alpen in jener Zeit an sich noch nicht als unwahrscheinlich zu gelten [5]). Das damalige Itinerar des Kaisers in Nord-

---

[1]) SCHAEFER in HZ. LXXVI, 386 ff., insbesondere S. 389 f.

[2]) F. LUCAS, Zwei kritische Untersuchungen zur Geschichte Friedrichs I. (1904).

[3]) Zugestimmt hat nur JASTROW-WINTER, Deutsche Geschichte im Zeitalter der Hohenstaufen I, 583. Dagegen schreibt z. B. noch letzthin K. HAMPE, Deutsche Kaisergeschichte in der Zeit der Salier und Staufer (1909) S. 151: „jene denkwürdige Zusammenkunft, die eine überkritische Forschung neuerdings aus den Annalen der Geschichte hat streichen wollen..." (vgl. dazu ebendort Note 2).

[4]) Nach GIESEBRECHT (V, 779) führt „der jähe Bruch" zu der Annahme, daß zwischen Herzog und Kaiser „persönlich Aug in Auge ein offenes, kaum mehr auszugleichendes Zerwürfnis eingetreten sei": dies ist kein logisch notwendiger Schluß, ganz abgesehen davon, daß „der jähe Bruch" nicht bewiesen ist. Völlig mißlungen erscheint mir freilich andererseits die Beweisführung von LUCAS, der die Unwahrscheinlichkeit einer persönlichen Zusammenkunft aus dem späteren Verhältnis der beiden Fürsten dartun will: diese Argumentation steht und fällt zugleich mit der Auffassung SCHAEFERS, auf die ich im nächsten Kapitel zu sprechen komme.

[5]) Gegen SCHAEFER (HZ. LXXVI, 390) ist zu bemerken, daß Überschreitungen der Alpen im Winter oder Frühjahr auch sonst häufig stattgefunden haben, und daß speziell im Jahre 1176 die bei

italien wie das des Herzogs in Süddeutschland bietet weder für noch gegen die Annahme der Zusammenkunft einen sicheren Anhaltspunkt [1]).

Auch das Schweigen der zeitgenössischen Schriftsteller, das argumentum ex silentio, ist hier nicht so beweiskräftig, wie man wohl geglaubt hat; denn die wenigen uns erhaltenen Chroniken, die in Betracht kommen, geben von den Ereignissen vor der Schlacht von Legnano nur kümmerliche Kunde: selbst die Kölner Königschronik, die unter den deutschen Quellen noch die ausführlichste Darstellung enthält, zeigt sich über die damaligen Begebenheiten schlecht unterrichtet. Daß solche Quellen nichts von einer geheimen Zusammenkunft zweier Fürsten zu erzählen wissen, kann kaum verdächtig erscheinen [2]).

Dagegen fällt hier allerdings, wie ich meine, die positive Nachricht eines Chronisten ins Gewicht, die Worte in Sigeberts Continuatio Aquicinctina, auf die bereits Olzberger [3]) aufmerksam gemacht hat: ... *in expeditione Italica nimis laboriosa et dampnosa ab ipso imperatore ter commonitus venire contempsit, sed nec nuncium nec milites in auxilium sui domini direxit* ... [4]). Mit den Worten *ter commonitus venire contempsit* läßt sich die Vorstellung einer persönlichen Begegnung schwer vereinigen, mit den Worten *nec nuncium* ...

Como mündenden Pässe gerade nicht von den Lombarden gesperrt werden konnten, da Como auf Seiten des Kaisers stand.

[1]) Siehe genauere Nachweise im nächsten Kapitel.

[2]) Schon Cohn hat hierüber treffend gehandelt.

[3]) a. a. O. S. 18—19.

[4]) MG. SS. VI, 418. Die ganze Stelle lautet mit Auslassung der oben zitierten Worte: *1180 Fredericus imperator, anno superiori undecumque contracto exercitu, super ducem Saxonie hostiliter vadit. Hic enim filiam Henrici regis Anglorum habebat in coniugio; qui imperatori rebellis, non solum insolens extitit, sed et superbus. Nam in expeditione Italica ...... sui domini direxit. Unde imperator ultra quam dici potest commotus, civitates, castella, oppida, terras auferendo, eum viriliter debellat.*

direxit ist die Annahme eines persönlichen Zusammenstoßes nicht mehr in Verbindung zu bringen.

Die Continuatio Aquicinctina ist nun wohl in ihren früheren Abschnitten nicht immer zuverlässig. Aber in dem hier in Frage stehenden Teil enthält sie vorzügliche Nachrichten, die anscheinend unmittelbar nach den Ereignissen niedergeschrieben sind [1]). Der Bericht von dem Ungehorsam des Herzogs findet sich freilich nicht unter dem Jahr 1176, sondern erst unter dem Jahr 1180; und COHN[2]) hat in seiner Polemik gegen OLZBERGER gerade diesen Bericht des Chronisten als unglaubwürdig hingestellt, indem er auf einen undatierten Brief verweist, in welchem der Kaiser den Patriarchen von Aquileja bittet, einen Boten des Herzogs bis Nuenberc (Neuenburg am Inn) zu geleiten [3]). Aber es ist sehr zweifelhaft, ob der Brief in das Jahr 1176 gehört [4]). Selbst wenn man jedoch dies mit COHN einmal annimmt

---

[1]) WATTENBACH, Deutschlands Geschichtsquellen im Mittelalter II, 162 Note 1 drückt sich nicht korrekt aus, wenn er sagt, die Glaubwürdigkeit der Contin. Aquic. sei für die Geschichte Friedrichs I. mit guten Gründen angegriffen von P. WAGNER, Eberhard II. von Bamberg (Hallenser Dissertation 1877) S. 113 ff. Denn nur die frühere Regierungszeit Friedrichs I. wird von WAGNER berührt. Schon für die siebziger Jahre des 12. Jahrhunderts ist die Contin. Aquic. eine sichtlich gleichzeitige Quelle: treffliche Nachrichten bietet sie speziell zum Jahre 1176 wie später zum Jahre 1180. Es ist sehr zu bedauern, daß über eine so ausgezeichnete Quelle bis heute noch keine kritische Untersuchung erschienen ist. Hoffentlich wird diese Lücke bald ausgefüllt.

[2]) GGA. Jahrg. 1863 S. 466 f.

[3]) PEZ, Thesaurus Anecdotorum VI a, Sp. 412: *F. dei gratia Romanorum imperator et semper augustus dilecto principi suo Vo. patriarche Aq. gratiam suam et omne bonum. Rogamus tuam dilectionem, quatenus Lupertum nuntium cognati nostri ducis Saxonie usque Nuenberc secure conducas.*

[4]) Der Wortlaut des Briefes nötigt noch nicht zu COHNS Annahme, daß damals der Herzog in Bayern war. Schwerlich richtig ist überdies seine Hypothese, daß im Winter 1175/76 der Kaiser im Osten der Po-Ebene geweilt habe; gerade die Magdeburger Annalen, auf

und die Nachricht des Chronisten, daß kein Bote gesandt sei, anzweifelt, so ist hiermit noch nicht die der Nachricht zugrunde liegende Vorstellung, daß kein persönlicher Zusammenstoß stattgefunden habe, als unrichtig erwiesen. Im Gegenteil wäre es sehr wohl denkbar, daß der Chronist sich in Einzelheiten irrte und doch in seiner Grundanschauung Recht hatte. Hier kommt es allein darauf an, daß, wer die Worte *nec nuncium direxit* schrieb, — mochte er sich irren oder nicht — jedenfalls keine persönliche Begegnung der Fürsten kannte. Eine solche Unkenntnis läßt sich aber bei einem sonst gut unterrichteten Chronisten nicht annehmen, gerade weil die Worte erst einige Jahre später niedergeschrieben sind, in einer Zeit, in der eine anfangs geheimgehaltene Zusammenkunft schon hätte bekannt sein müssen. In diesem einen Fall erscheint mir daher das so oft überschätzte argumentum ex silentio, das hier nicht nur aus einem Verschweigen, sondern aus einem nachweislichen Nichtwissen besteht, von wirklich schwerwiegender Bedeutung.

Gegenüber diesem Bericht von 1180, der der Annahme eines persönlichen Konflikts widerspricht, sind die ältesten Quellen, die von einer Zusammenkunft erzählen, erst am Ende des 12. oder zu Beginn des 13. Jahrhunderts entstanden.

Hier könnte man den Einwand erheben, daß auch die früher abgefaßten Paderborner Annalen die Erzählung enthalten: Scheffer-Boichorst hat die Nachricht in seine Rekonstruktion der Annalen aufgenommen [1]). Aber die Rekonstruktion beruht dort allein auf einem Auszug aus dem späten Geschichtswerk des Gobelinus Persona. Schon Waitz hat deshalb Zweifel geäußert [2]), und Scheffer-Boichorst

die sich Cohn stützt, sind hier unzuverlässig: siehe Gueterbock, Der Friede von Montebello und die Weiterentwicklung des Lombardenbundes S. 32 (Berliner Dissertation 1895).

[1]) Scheffer-Boichorst, Annales Patherbrunnenses S. 172 f. (1870).

[2]) GGA. Jahrg. 1870 S. 1792: Waitz hat hier im einzelnen nicht das Richtige getroffen, wenn er die Worte des Gobelinus von Ausdrücken Ottos von S. Blasien und Burchards von Ursperg ableitet.

mußte selbst eingestehen, daß er für die Zugehörigkeit der Stelle zu den Paderborner Annalen nur den allgemeinen Grund vorbringen könne, der Autor habe dem Sturz Heinrichs des Löwen eine nicht geringe Aufmerksamkeit geschenkt [1]). Dies ist kein triftiger Grund, und noch bedenklicher wird man gestimmt, wenn man die Stelle bei Gobelinus nachliest [2]): sie findet sich dort mitten unter Sagen und Fabeleien, die ebenfalls von Heinrich und seinem Zwist mit dem Kaiser handeln, und die auch nach SCHEFFER-BOICHORSTS Ansicht auf mündliche Tradition zurückgehen [3]); nicht der Tradition entstammen soll dagegen, wie SCHEFFER-BOICHORST meint, die eine Erzählung von der Zusammenkunft, weil dies ein einfacher und schmuckloser Bericht sei. Aber ist der Bericht in der Tat so glaubwürdig, wie es SCHEFFER-BOICHORST behauptet? Die Zusammenkunft wird in die Zeit nach der Schlacht von Legnano verlegt, indem ein damaliger Aufenthalt des Kaisers in Como angenommen wird [4]). Deutlicher kann meines Erachtens der Bericht

---

[1]) FDG. XI, 497 (1871), wieder abgedruckt in SCHEFFER-BOICHORST, Gesammelte Schriften II, 286. Seine Ansicht hat SCHEFFER bis zuletzt scharf aufrechterhalten; vgl. NA. XXVII, 681 ff. (1902): was SCHEFFER hier vorbringt, berührt aber nur einen speziellen Einwand von WAITZ.

[2]) Gobelinus Persona Cosmodromium ed. H. MEIBOM p. 227 und H. MEIBOM jun. , Script. Rerum Germ. I, 272.

[3]) SCHEFFER-BOICHORST, Annales Patherbrunnenses S. 172 Note 3: „Das klingt doch wie eine Sage und möchte auf mündliche Überlieferung zurückgehen. Um so mehr, als auch die vorausgehende Gewalttat Heinrichs den Charakter einer späteren Fabelei an der Stirn trägt.“ Ebendort Note 4 spricht er nochmals von „den Heinrich betreffenden Fabeleien“, die „auf die Tradition“ zurückzuführen seien!

[4]) Die Stelle lautet: ... *ipse progressus in campum commisso praelio ex utraque parte corruentibus victus est: Nam fuga capta Cumas se recepit. Tali casu imperator anxius et curis ingentibus pressus Henrico duci Saxoniae per nuncios vocato iuxta lacum Cumanum occurrit et humilius, quam imperatoriae maiestati congruebat, rogavit eum, ut ad reparandos imperii casus*

seinen sagenhaften Charakter gar nicht bekunden; denn der Kaiser floh nach der Schlacht nicht nordwärts nach Como, sondern südwärts nach Pavia und knüpfte dort sogleich Friedensverhandlungen an, so daß sich ein Hilfsgesuch in die damalige Zeit überhaupt nicht einreihen läßt [1]). Zweifellos gehört daher auch dieser Bericht des Gobelinus in den Kreis der Sagen und Fabeleien, die nach SCHEFFER-BOICHORSTS eigenem Urteil mit den Paderborner Annalen nichts zu tun haben.

Kommen so die Paderborner Annalen in Fortfall, dann ist die früheste Quelle, die von einer Zusammenkunft der Fürsten berichtet, das am Ende des 12. Jahrhunderts abgefaßte Geschichtswerk des Gislebert von Mons.

Die Erzählung bei Gislebert [2]) fordert zu einem Vergleich mit der Erzählung in Sigeberts Continuatio Aquicinctina heraus. Beide Chronisten lebten nämlich zu gleicher Zeit in unmittelbarer Nachbarschaft, Gislebert im Hennegau,

---

auxilium praeberet, collecto in brevi exercitu eoque in Italiam traducto: cuius petitioni dux assensum non praebuit obortis iam dudum inter eos discordiis. SCHEFFER-BOICHORST (Annales Patherbrunnenses S. 172 Note 4) wirft die Frage auf, ob die Anordnung der Ereignisse erst von Gobelinus herrühre und ob in der Quelle des Gobelinus die Zusammenkunft vielleicht v o r der Niederlage von Legnano erzählt worden sei. Diese Hypothese ist meines Erachtens unhaltbar, da die mitten in der Erzählung stehenden Worte *ad reparandos imperii casus* auf die Niederlage *victus est* und die Worte *iuxta lacum Cumanum* auf die mit der Niederlage zusammenhängende Flucht *fuga capta Cumas se recepit* Bezug nehmen.

[1]) Die Darstellung GIESEBRECHTS (Gesch. der deutschen Kaiserzeit V, 806, VI, 535), daß der Kaiser nach der Schlacht nochmals zum Schwerte gegriffen habe, ist unrichtig, da die Einnahme Tortonas und die bei Annone ausgestellte Urkunde in eine frühere Zeit gehören (siehe GUETERBOCK, Über Kaiserurkunden des Jahres 1176 in NA. XXVII, 246 ff.).

[2]) La Chronique de Gislebert de Mons ed. L. VANDERKINDERE in Recueil des textes pour servir à l'étude de l'histoire de Belgique, Commission royale d'histoire (Bruxelles 1904) p. 94. Vgl. die ältere Ausgabe in MG. SS. XXI, 517. SS. Rer. Germ. p. 90.

der Continuator Sigeberts im Kloster Anchin in Artois; und so wird es kein Zufall sein, wenn die Darstellungen beider eine Ähnlichkeit zeigen: wie der Chronist von Anchin schreibt *in expeditione Italica nimis laboriosa et dampnosa ab ipso imperatore ter commonitus venire contempsit*, so ähnlich Gislebert von Mons *Hic imperator, cum contra Italiam nimios guerrarum labores in nimia suorum morte sustineret, anxius nimis et coartatus, fidelem et consanguineum suum Henricum, prepotentissimum ducem Saxonum, ferum et ferocem virum, de cuius diviciis et potentia omnes audientes mirabantur, sepius adiit, ut ab eo auxilium haberet.* Der Ausdruck *sepius adiit* entspricht dem *ter commonitus*[1]). Während aber in der Continuatio das *ter commonitus*, wie wir oben sahen, sich nur auf eine Aufforderung durch Briefe oder Boten beziehen läßt, erhält das *sepius adiit* im Zusammenhang bei Gislebert eine völlig abweichende Bedeutung; denn Gislebert bringt weiter in schärfstem Gegensatz zu der Darstellung der Continuatio die Erzählung von der persönlichen Begegnung Friedrichs und Heinrichs: *et cum ille auxilium ei negaret, imperator ultra quam deberet pedibus illius se prostravit: sed ille in sua perdurans nequicia dominum suum exaudire et ad suos pedes iacentem sprevit relevare.* Die beiden Darstellungen können bei einem solchen Widerspruch nicht voneinander abhängig sein. Aber ein Bindeglied der in derselben Gegend auftauchenden Berichte ist doch anzunehmen, da eine mehrfache Aufforderung oder Mahnung, wie sie in dem *ter commonitus* und in dem *sepius adiit* zum Ausdruck kommt, sonst in keiner anderen Quelle erwähnt wird, und da außerdem auch die Worte *nimis laboriosa* und

[1]) Dies hat schon Waitz (FDG. X, 163 Note 1) bemerkt, indem er treffend beide Ausdrücke auf eine gemeinsame Nachricht zurückführt; aber die Fassung in der Continuatio zweifelt er als wenig glaubwürdig an, weil sie unvereinbar ist mit der Annahme der Zusammenkunft, die er als eine feststehende Tatsache betrachtet.

nimios labores sich entsprechen. Anscheinend tritt uns hier eine gemeinsame Nachricht in verschiedenen Fassungen entgegen. Die Frage, welche von den beiden Fassungen die ursprünglichere ist, läßt sich leicht beantworten. Der Chronist von Anchin, der unmittelbar unter dem Eindruck der Ereignisse seine Annalen niederschrieb, erzählt die Hilfsverweigerung Heinrichs des Löwen im Jahre 1180, d. i. vier Jahre nach dem Vorfall. Dagegen hat Gislebert seine Chronik erst um 1196, d. i. zwanzig Jahre nach dem Vorfall, abgefaßt [1]). Er bringt überdies die Nachricht von der Hilfsverweigerung nicht zum Jahr 1176 oder 1180 im Laufe der annalistischen Darstellung, sondern vorher in der allgemein gehaltenen Schilderung von Friedrichs Persönlichkeit [2]). In diesem Rahmen gewinnt die Nachricht nicht gerade an Glaubwürdigkeit. Gislebert scheint hier gar nicht zu wissen, in welchem Jahr und unter welchen Umständen sich der Vorgang abgespielt hat. Zum Überfluß offenbart auch die von ihm gegebene Darstellung selbst einen schon ganz sagenhaften Charakter: er begnügt sich nicht mit der wenig glaubhaften Erzählung, daß der Kaiser dem Herzog zu Füßen fiel, sondern fügt noch unglaublicher hinzu, daß der Herzog den Kaiser nicht aufgehoben habe! Bedenkt man schließlich, daß Gislebert auch sonst sich nicht immer an die Wahrheit hält [3]) und gern phantastische Dinge auf Grund mündlicher Tradition erzählt [4]), daß dagegen der Chronist

[1]) Über die Abfassungszeit vergl. A. Hantke, Die Chronik des Gislebert von Mons (Leipzig 1871) und L. Vanderkindere in der Einleitung zu der Ausgabe der Chronik.

[2]) Gerade dieser Abschnitt ist sicherlich nach 1194 abgefaßt, da hier Heinrich, der Sohn Friedrich Barbarossas, nicht nur „Kaiser", sondern auch „König von Sizilien" genannt wird.

[3]) Über die Glaubwürdigkeit Gisleberts siehe außer Vanderkindere noch K. Huygens, Sur la valeur historique de la chronique de Gislebert de Mons in der Revue de l'instruction publique en Belgique XXXII, 301 ff. (Gand 1889).

[4]) So die oft märchenhaft hohen Zahlen von Truppen, die allerdings Vanderkindere (a. a. O. S. XXXIII ff.) zu entschuldigen sucht.

von Anchin in seinen schlichten Berichten über die siebziger und achtziger Jahre sich höchstens kleine Ungenauigkeiten, aber niemals grobe Unwahrheiten zu schulden kommen läßt, dann wird die Wahl zwischen den beiden sich widersprechenden Darstellungen nicht schwer fallen.

Hiermit scheint mir die Frage, ob eine persönliche Begegnung der Fürsten stattgefunden hat, schon so gut wie entschieden; denn die anderen Gewährsmänner, die von der Begegnung erzählen, — Arnold von Lübeck, der Chronist von Lauterberg, Otto von S. Blasien, Burchard von Ursperg usw. — schrieben in einer noch späteren Zeit, erst im 13. Jahrhundert, und ihre Erzählungen enthalten alle mit Ausnahme der Ottos von S. Blasien nicht nur die legendenartige Geschichte vom Fußfall, sondern auch sonst noch verschiedene Merkmale der Unglaubwürdigkeit.

Von Arnold von Lübeck, der seine Slavenchronik in dem ersten Jahrzehnt des 13. Jahrhunderts verfaßte[1]), ist ja bekannt, daß er vielfach aus mündlicher Mitteilung geschöpft und leichtgläubig wie die meisten seiner Zeitgenossen sagenhafte Nachrichten neben zuverlässigen benutzt hat. Daß seine Erzählung von der Zusammenkunft[2]) nicht

[1]) Über die Abfassungszeit der Chronik und die Glaubwürdigkeit Arnolds siehe LAPPENBERGS Einleitung zu der Ausgabe der MG.; R. DAMUS, Die Slavenchronik Arnolds von Lübeck in Zeitschrift des Vereins für Lübeckische Geschichte und Altertumskunde III, 195 ff. (1876); WATTENBACH, Deutschlands Geschichtsquellen im Mittelalter II, 343 ff.

[2]) MG. SS. XXI, 127 sq., SS. Rer. Germ. p. 37 sq. (lib. II cap. 1): *Cesar igitur fortunatis bellorum frustratus eventibus graviter anxiatus, exiens de finibus illis transmissis alpibus venit in partes Teutonicorum et convocatis principibus eis perturbationem imperii exposuit et ad comprimendos rebelles in Italicam expeditionem eos secum evocavit. Ducem etiam Heinricum ad hunc laborem omni instantia adducere conatus est, et quia eum formidabilem Longobardis expertus erat, dicebat, se omnimodis sine ipsius presentia contra eos prevalere non posse. Econtra ille pretendebat, se multis laboribus et expeditionibus tam Italicis quam etiam aliis innumeris utpote*

zu seinen zuverlässigen Berichten gehört, darauf deutet schon die Ausschmückung mit längeren Reden, die sichtlich erfunden sind. Unmöglich ist ferner seine Angabe, daß die Zusammenkunft auf einem Reichstag oder nach einem Reichstag stattfand; unrichtig die Angabe, daß der Herzog dem Kaiser nicht in eigener Person habe folgen, aber Geld und Truppen habe geben wollen. Vollends unglaubwürdig wird die Erzählung schließlich durch den Platz, den sie in dem Geschichtswerk einnimmt: sie steht hier, ähnlich wie in Gisleberts Chronik, ohne Jahresangabe nicht in der annalistischen Darstellung, sondern in der Einleitung. Während jedoch bei Gislebert keine bestimmte Zeit mit dem Vorgang in Verbindung gebracht wird, ist bei Arnold eine unheilbare chronologische Verwirrung zu konstatieren. Vor die Zusammenkunft setzt Arnold einen allgemeinen Aufstand der Lombarden, den er mit der langen Dauer des Schismas in

---

iam senem defecisse, et omni devotione imperatorie maiestati se obsecuturum affirmabat in auro et argento ceterisque impensis ad exercitum contrahendum, se tamen omnino salva gratia ipsius in persona propria venire posse negabat. Ad hec imperator: Deus, inquit, celi te inter principes sublimavit et divitiis et honoribus super omnes ampliavit, omne robur imperii in te consistit, et iustum est, ut ad confortandas manus omnium huic negotio precipuum te exhibeas, ut res publica, que labi cepit, per te convalescat, per quem precipue hactenus se stetisse non dubitat. Memorem te esse volumus, quod nichil umquam tue voluntati negavimus et quia in honore tuo ampliando semper parati fuimus, inimicis tuis inimici semper fuimus et nullum adversum te prevalere permisimus. Et ut sacramentorum fidem omittamus quam imperio firmasti, meminisse te volumus consanguinitatis qua nobis super omnia teneris, ut in presenti necessitate omni fidelitate, utpote nepoti et domino et amico, nobis occurras, et de cetero ad omnia que volueris, benevolentiam nostram habeas. Cumque dux adhuc renueret et ad omne obsequium se paratum offerret, se tamen in propria persona venire negaret, imperator consurgens de solio suo, utpote quem angustie tenebant, ad pedes eius corruit. Dux autem vehementer conturbatus de re tam inaudita, quod humiliatus in terra iaceret sub quo curvatur orbis, quantocius eum a terra levavit, nec tamen eius consensui animum inclinavit.

Verbindung bringt; da er aber hierauf den Kaiser völlig machtlos über die Alpen eilen und bei den deutschen Fürsten Hilfe suchen läßt, so scheint er weniger die Ereignisse des Winters 1175/76, sondern die des Jahres 1167 im Sinne gehabt zu haben. Nach der Zusammenkunft schildert er den Sieg des Kaisers, die Verwüstung der Lombardei durch Feuer und Schwert[1]): demnach wäre also der Vorgang auch nicht in das Jahr 1167, sondern in den Anfang der sechziger Jahre zu verlegen. Daß Arnold wirklich an die Zeit vor der Zerstörung Mailands gedacht hat, das wird uns bestätigt durch eine Parallelquelle, die eine entsprechende Nachricht über die Zusammenkunft enthält.

In der Lauterberger Chronik, die etwas später, wenn auch noch vor 1230 entstand[2]), ist nämlich die Zusammenkunft geradezu in die Zeit der Belagerung Mailands verlegt — eine chronologische Unmöglichkeit, da ja das offenkundige Zerwürfnis zwischen Herzog und Kaiser erst Mitte der siebziger Jahre eintrat. Der Lauterberger Chronist kennzeichnet überdies die Überlieferung der Nachricht ausdrücklich als eine unsichere, indem er die Worte voranschickt: *fertur enim quod*[3]).

---

[1]) MG. SS. XXI, 128. SS. Rer. Germ. p. 38 (lib. II cap. 2): *Imperator itaque prosperatus victoriam adeptus est et ad voluntatem abusus est terra illa incendiis et depredationibus, devastans omnem civitatem munitam. Et contritum est cornu adversariorum et siluerunt in conspectu eius. Videns itaque quod data esset requies, opportunitate nacta convocatis principibus multa contra Heinricum ducem allegare cepit, quod propter nimium fastum superbie sue tantum imperio contemptum exhibuerit, ut eo ante pedes eius humiliato* . . . . .

[2]) Über die Lauterberger Chronik siehe J. O. Opel, Das Chronicon Montis Sereni (Halle 1859); Cohn in GGA. 1860 S. 841 ff.; Wattenbach, Deutschlands Geschichtsquellen im Mittelalter II, 357.

[3]) MG. SS. XXIII, 157 zum Jahr 1180: *Fertur enim, quod, cum imperator Mediolanum obsideret, viribus suis iam valde attritis, principes Saxonie ad locum, qui Bartenkirke dicitur et est in introitu Alpium, evocavit et, ut negotiis suis auxilium*

Bei Burchard von Ursperg, der in derselben Epoche schrieb[1]), taucht zwar die Nachricht glaubwürdiger unter dem Jahre 1175 auf, aber mit dem ganz falschen Zusatz, daß der Herzog an der Belagerung Alessandrias teilgenommen habe. Außerdem bringt Burchard noch klarer als der Lauterberger Chronist zum Ausdruck, daß seine Quelle die mündliche Tradition war; denn er fügt die unzweideutigen Worte *ut referunt homines* und *narratur* hinzu[2]).

Noch spätere legendenhafte Darstellungen, wie die in den Annalen Alberts von Stade[3]), kann ich hier füglich außer Betracht lassen. So bleibt nur ein einziger Gewährs-

---

ferrent, rogavit. Omnibus autem aliis hoc alacriter spondentibus, dux licet in prioribus expedicionibus fidelem se ei exhibuisset, hac tamen vice, quia iam cum Longabardis contra imperatorem conspiraverat, suum ei prorsus auxilium denegavit. Imperator vero cum tanta ei humilitate supplicavit, ut eciam pedibus eius prosterneretur, cum quidem ille eum negligens nec iacentem attolleret, nec in eo, quod petebatur, aliquatenus consentiret. Quod factum imperatoris ei odium acquisivit, et utrum iuste an iuiuste, lector iudicet.

[1]) Über Burchard von Ursperg vgl. Giesebrecht in Münchener Sitzungsberichte 1881 I, 201 ff.; G. Gronau, Die Ursperger Chronik und ihr Verfasser (Berliner Dissertation 1890); Th. Lindner, in NA. XVI, 115 ff.; Wattenbach, Deutschlands Geschichtsquellen II, 448 ff.

[2]) MG.SS. XXIII, 357. SS. Rer. Germ. p. 51 sq. *Anno domini* 1175. *Alexandria obsessa est .... In hac obsidione imperator non profecit, nam dux Heinricus de Saxonia, nepos suus, perfide ab eo recessit, sumpta occasione de excommunicatione et forte accepta pecunia. Quem, ut referunt homines, secutus est imperator et ad ipsum veniens super lacum Cumanum cum magna humilitate postulavit, ut se non desereret, ita ut videretur pro tali petitione ad pedes eius se velle demittere, quod dux discrete recusavit. Quidam autem ipsius ducis officialis, Jordanus nomine, narratur superbe dixisse: Sinite, domine, ut corona imperialis veniat vobis ad pedes, quia veniet et ad caput.*

[3]) MG.SS. XVI, 348. — Andere späte Quellen findet man noch bei Olzberger, Prutz und Lucas aufgeführt; wohl nicht zu dieser Quellengruppe gehören jedoch die Marbacher Annalen, die von keiner Zusammenkunft berichten.

mann übrig, der eine eingehendere Besprechung verdient: Otto von S. Blasien.

Die Chronik Ottos von S. Blasien, die ebenfalls noch im ersten Viertel des 13. Jahrhunderts verfaßt wurde[1]), enthält die Erzählung von der Zusammenkunft mitten in der historischen Darstellung; und zwar findet sich die Erzählung bei Otto, ähnlich wie bei Burchard, nach der Belagerung Alessandrias, aber hier mit dem richtigen Zusatz, daß sich an die Belagerung ein Friedensschluß anschloß, auf den ein Treubruch der Lombarden folgte[2]). Zwischen diesem neuen Aufstand und der Schlacht von Legnano würde sich allerdings die Begegnung der Fürsten noch am ehesten einreihen lassen. Auch erweckt scheinbar Vertrauen, daß bei Otto die legendenhafte Geschichte vom Fußfall fehlt[3]). Fraglich ist aber, ob Otto die Geschichte nicht kennt oder ob er sie nur deshalb fortläßt, weil sie zu der kaiserfreundlichen Tendenz seines Werkes nicht paßt. Für die letztere Annahme scheint mir doch der Umstand zu sprechen, daß alle anderen Chronisten, die damals die

---

[1]) Über Otto von S. Blasien siehe H. Thomae, Die Chronik des Otto von S. Blasien (Leipziger Dissertation 1877); Wattenbach, Deutschlands Geschichtsquellen II, 284 f.

[2]) Daß Otto diese Ereignisse irrtümlich unter einem falschen Jahr erwähnt, kann kaum ins Gewicht fallen, da die Ereignisse selbst richtig erzählt werden.

[3]) MG.SS. XX, 315 sq. *Imperator itaque angustatus legatos in Germaniam pro supplementu exercitus direxit simulque ad Heinricum avunculi sui filium, ducem Saxonie et Bawarie, ut C l a v e n n e ad colloquium sibi occurreret, venientique obviam procedens, ut periclitanti imperio subveniret, plus quam imperialem deceret maiestatem h u m i l i t e r efflagitavit. Dux igitur Heinricus, utpote solus ad subveniendum imperio hoc tempore potentia et opulentia idoneus, Goslariam ditissimam Saxonie civitatem, iure beneficii pro donativo ad hoc expetiit. Cesar autem tale beneficium sibi invito extorqueri ignominiosum existimans minime consensit .... per montis Jovis angustias regressus in Alemanniam venit. Itaque memor contemptus a duce Heinrico apud C l a v e n n a m sibi exhibiti in ipsum vehementissime exarsit ...*

Zusammenkunft erzählen, den Fußfall erwähnen[1]). Ferner lassen sich Ottos eigene Worte *plus quam imperialem deceret maiestatem humiliter efflagitavit* wohl auch als eine Anspielung auf die Geschichte vom Fußfall auffassen. Wie peinlich diese Geschichte für einen kaiserlich gesinnten Chronisten war, das zeigt schon die Darstellung Burchards, in der offenbar tendenziös erzählt wird: der Kaiser s c h i e n niederknien zu w o l l e n, sei aber vom Herzog daran gehindert worden. Von einer solchen Darstellung war es nur noch ein Schritt, die Geschichte überhaupt unerwähnt zu lassen. Wie auch immer, der Bericht in Ottos Chronik ist der einzige, der an sich nicht unglaubwürdig klingt[2]). Otto gilt daher bei fast allen Historikern, namentlich auch bei Ranke und Giesebrecht, als der Kronzeuge für die Existenz der Zusammenkunft.

Ranke[3]) nennt Otto einen der „besten" Chronisten, ein Urteil, das jedoch durch neuere Forscher längst berichtigt worden ist. In Wirklichkeit erweist sich Otto nur allzuoft als ein sehr schlechter Gewährsmann, der sogar mit Vorliebe Legenden erzählt. Als eine charakteristische Legende erwähne ich z. B. die Darstellung von der Rettung Friedrich Barbarossas in Susa durch Hartmann von Siebeneich[4]), und zum Beweise für die Unglaubwürdigkeit Ottos nenne ich hier nur seine zahlreichen falschen Nachrichten, die er

---

[1]) Die Darstellung des Gobelinus gehört einer späteren Zeit an (s. o.). Übrigens könnte man auch bei Gobelinus die Worte *humilius quam imperatoriae maiestati congruebat* auf die Fußfallgeschichte deuten.

[2]) Daß Heinrich die Stadt Goslar forderte (hierüber siehe nächstes Kapitel), ist ein glaubwürdiger Zug, der aber mit der Frage, ob eine Zusammenkunft stattfand, nicht in direktem Zusammenhang steht.

[3]) Weltgeschichte VIII, 193 f.

[4]) Die Erzählung, die Thomae für wahr hält, ist eine Legende: siehe hierüber Scheffer-Boichorst in FDG. XI, 495, wiederabgedruckt Gesammelte Schriften II, 284 f.

auf die Erzählung von der Zusammenkunft folgen läßt[1]): da schätzt er in der Schlacht von Legnano das lombardische Heer phantastisch auf 100 000 Mann und erzählt die frei erfundene Geschichte von einem Hinterhalt der Brescianer; in verkehrter Reihenfolge berichtet er von dem Tode des Gegenpapstes Calixt III. und dem Friedenskongreß von Venedig, und ganz verwirrt von den Namen der am Kongreß teilnehmenden Bischöfe; irrtümlich läßt er den Kaiser aus Italien über den Mons Jovis nach Deutschland zurückkehren[2]), und falsche Angaben macht er gerade über den Prozeß Heinrichs des Löwen[3]). Bei dieser erschreckend großen Fülle von Fehlern kann die Darstellung Ottos offenbar keinen Glauben verdienen, wenn sie nicht durch zuverlässige Zeugnisse bestätigt wird. Eine Bestätigung ergibt sich aber in unserem Fall bezüglich der Zusammenkunft aus keiner der anderen Chroniken, da diese hier insgesamt völlig sagenhafte Züge aufweisen.

Von dem so gewonnenen negativen Resultat werden wir weiter zu einem positiven Ergebnis geführt, wenn wir die verschiedenen Quellenberichte, die wir bisher einzeln betrachtet haben, miteinander vergleichen.

Die Berichte zeigen nur in einem Punkt eine sachliche Übereinstimmung, nämlich in der Erzählung, daß der Kaiser sich über Gebühr vor dem Herzog erniedrigt habe. Wie weit aber diese Erniedrigung ging, das stellen die Chronisten verschieden dar: während Otto von S. Blasien nichts von einem Fußfall erwähnt, erzählt Burchard von Ursperg, daß der Herzog den Kaiser verhindert habe, niederzuknien, und Arnold von Lübeck, daß der Herzog den ihm

---

[1]) Vgl. H. Thomae a. a. O. S. 40 ff. und S. 77 ff.

[2]) Friedrich I. ist im Juli 1178 über den Mont Genèvre heimgekehrt: siehe Giesebrecht, Geschichte der deutschen Kaiserzeit V, 866. VI, 552.

[3]) Schon Thomae (S. 78 f.) hat dies richtig hervorgehoben; ich komme darauf noch im Prozeß zu sprechen.

zu Füßen gesunkenen Kaiser aufgehoben habe; dagegen berichten der Lauterberger Chronist und Gislebert von Mons, daß der Herzog den Kaiser habe liegen lassen. Auch in anderen Einzelheiten gehen die Berichte auseinander. Als Ort, an dem sich der Vorgang abgespielt haben soll, nennt Otto Chiavenna und Burchard den Comer See, dagegen Arnold Deutschland[1]) und der Lauterberger Chronist Partenkirchen, während Gislebert sich hierüber in Schweigen hüllt. Was die Zeit betrifft, so verlegen Otto und Burchard das Ereignis vor die Schlacht von Legnano oder in die Zeit der Belagerung Alessandrias; dagegen setzen es Arnold und der Lauterberger Chronist vor die Unterwerfung der Lombardei, beziehungsweise vor die Zerstörung Mailands, während Gislebert hier wiederum schweigt.

Weitere Zusätze und Ausschmückungen, die sich in den verschiedenen Berichten finden[2]), können wir hier als unwesentlich beiseite lassen. Die angeführten Abweichungen zeigen schon zur Genüge, daß die Darstellungen nicht miteinander in Beziehung stehen: nicht ein Bericht stimmt mit dem anderen im Wortlaut überein; selbst die Erzählung von der Demütigung des Kaisers, die die Chronisten gemeinsam haben, bringt ein jeder für sich mit eigenartigem Detail[3]).

Welche Schlüsse sind nun aus den Darstellungen, die voneinander unabhängig sind, zu ziehen?

Zunächst bestätigt sich bezüglich aller Berichte, was wir bei einzelnen schon nachgewiesen haben, daß nur die

---

[1]) Da Arnold die Worte *transmissis alpibus* hinzufügt, kann er nur Deutschland im engeren Sinne gemeint haben; der Einwand COHNS (GGA. Jahrg. 1866, S. 621), daß zum Herzogtum Schwaben auch der Ort Chiavenna gehörte, ist somit hier nicht stichhaltig.

[2]) So tritt bei Burchard von Ursperg noch ein Ministeriale des Herzogs, bei Albert von Stade noch die Kaiserin auf.

[3]) Wenn Gislebert schreibt *ultra quam deberet*, Otto von S. Blasien *plus quam imperialem deceret maiestatem*, Gobelinus *humilius quam imperatoriae maiestati congruebat*, so läßt sich hierin dieselbe Nachricht in verschiedenen Versionen erkennen.

mündliche Überlieferung die Quelle war. Wir hatten ja festgestellt, daß Otto von S. Blasien und Arnold von Lübeck mehrfach legendenhaften Überlieferungen gefolgt sind, daß Burchard von Ursperg und der Lauterberger Chronist speziell in unserem Fall zugeben, ihre Kenntnis beruhe auf Hörensagen, daß außer der Erzählung Ottos alle Darstellungen den Stempel der Erfindung an der Stirn tragen. Wenn jetzt obendrein noch alle zusammen sich untereinander in fast jeder Einzelheit widersprechen, so läßt sich auch dies bei Chronisten, die derselben Zeit angehören, nur durch die mündliche Tradition erklären. Es kann hiernach keinem Zweifel unterliegen, daß alle Berichte, auch der Ottos, auf die Tradition zurückgehen.

Es bleibt noch die Frage zu beantworten, ob der mündlichen Überlieferung ein wahrer Kern zugrunde gelegen hat. Giesebrecht[1]) folgert aus der Verschiedenartigkeit der Nachrichten, daß ein äußerer Anlaß existiert haben müsse. Worin bestand aber der äußere Anlaß? Ein Anlaß lag sicherlich schon in dem Konflikt zwischen Herzog und Kaiser: in der Hilfsverweigerung des Herzogs, die eine für den Kaiser demütigende Form angenommen haben mag; denn ein Wort, in dem die Darstellungen trotz ihrer sonstigen Verschiedenheit übereinstimmen, ist der Ausdruck *humilis* oder *humilitas*[2]). Im übrigen weichen aber die Berichte gerade hinsichtlich der Zusammenkunft der Fürsten vollständig voneinander ab, und so gelange ich hier zu dem entgegengesetzten Schluß wie Giesebrecht: hätte eine persönliche Zusammenkunft wirklich stattgefunden, dann wären solche fundamentalen Widersprüche der Überlieferung bezüglich Ort und Zeit des Vorgangs ganz unmöglich gewesen.

Was die Art der Demütigung, die Geschichte vom Fußfall, betrifft, so könnten die Abweichungen der Berichte sich

---

[1]) Geschichte der deutschen Kaiserzeit V, 778.

[2]) Der Ausdruck fehlt nur bei Gislebert, der aber dafür die Fußfallgeschichte schon in voller Ausbildung hat.

allenfalls noch aus einer mündlichen Überlieferung, die auf eine historische Begebenheit zurückgeht, erklären lassen. In den Orts- und Zeitangaben sind aber die Widersprüche unüberbrückbar: der Vorgang kann sich nur entweder in Deutschland oder in Italien, entweder Anfang der sechziger oder Mitte der siebziger Jahre ereignet haben. Die Überlieferung teilt sich hier augenscheinlich in eine norddeutsche und in eine süddeutsche Quellengruppe: Arnold steht mit dem Lauterberger Chronisten auf der einen, Otto mit Burchard auf der anderen Seite[1]). Die Gruppen, die derselben Epoche angehören, müssen mit ihren sich widersprechenden Angaben selbständig nebeneinander entstanden sein; es muß eine gemeinsame Quelle beider Gruppen existiert haben, und diese Quelle muß bei dem Spielraum, den sie noch der verschiedenartigen Fortbildung der Überlieferung ließ, ohne lokale Färbung gewesen sein. Eine solche Darstellung ohne Orts- und Zeithintergrund ist uns in der Tat erhalten bei Gislebert von Mons, bei dem übrigens die Nachricht auch zum erstenmal vorkommt. Es ist also nicht, wie GIESEBRECHT meint, Otto von S. Blasien, sondern vielmehr Gislebert, der uns die Überlieferung in der frühesten Form bietet[2]). Und es ist nun höchst bezeichnend, daß bereits Gislebert die Be-

[1]) Die Norddeutschen, Arnold und der Lauterberger Chronist, die die Episode vom Fußfall ausmalen, verlegen den Vorgang nach Deutschland in den Anfang der sechziger Jahre; die Süddeutschen, Otto und Burchard, die die Episode vom Fußfall übergehen oder abschwächen, setzen den Konflikt nach Italien in die Mitte der siebziger Jahre.

[2]) Die Auslassung der Fußfallgeschichte bei Otto von S. Blasien und Gobelinus läßt doch die Möglichkeit zu, daß jene Geschichte schon in der ersten Form der Überlieferung gestanden habe; denn sie findet sich bereits bei Gislebert. Hiermit will ich nicht etwa behaupten, daß Otto und Gobelinus gerade Gislebert kannten, sondern nur, daß sie von einer Nachricht abhängen, die der Erzählung Gisleberts ähnlich war und die wahrscheinlich schon die Fußfallgeschichte enthielt.

gegnung der Fürsten in legendenartiger Schilderung erzählt, daß hier von Anfang an die Legende von dem Fußfall und der Demütigung des Kaisers sogar in stärkster Ausprägung erscheint.

Verfolgt man die Überlieferung durch die verschiedenen Berichte, so erhält man ein typisches Beispiel für die Geschichte einer Sage, die nicht auf historischen Tatsachen beruht. Zunächst tritt die Erzählung von der Zusammenkunft ohne jede lokale Färbung auf. Erst später wird sie hier in dieses, dort in jenes Land verlegt, hier mit diesem, dort mit jenem Ereignis in Verbindung gebracht. Daß sie dabei in einer Chronik ein historisch nicht unmögliches Gewand trägt, ist um so weniger von Bedeutung, als gerade diese Chronik sonst zahlreiche Legenden enthält und hier in dem speziellen Fall schon durch ihre ganze Tendenz dazu geführt werden mußte, das Legendenhafte der Erzählung, das in der Fußfallgeschichte hervortritt, abzuschwächen. Demgegenüber ist es weit bedeutungsvoller, daß zu gleicher Zeit alle anderen Chronisten den Vorgang mit historisch unhaltbarem Beiwerk verknüpfen und zum Teil sogar in eine unmögliche Epoche setzen: nicht in die Epoche von Friedrichs Niederlage, sondern in die seines Sieges über Mailand. Hieraus läßt sich entnehmen, daß bereits damals, als die Sage lokalisiert wurde, sich die Vorstellung von dem Zusammenhang der Begebenheiten vollständig verwischt hatte.

Bei der Schnelligkeit, mit der im Mittelalter Sagen entstanden, — wieviel Legenden umgaben z. B. Friedrich II. schon zu seinen Lebzeiten[1]) — kann das frühe Bekanntwerden einer Nachricht nicht gegen den sagenhaften Cha-

[1]) So bringen Schriftsteller wie Matheus Paris und Salimbene zahlreiche Anekdoten über ihre eigenen Zeitgenossen. Insbesondere begannen die Weissagungen der Joachiten schon zu Lebzeiten Friedrichs II.

rakter zeugen. Immerhin ist hier nach der entgegengesetzten Seite zu betonen, daß die Nachricht von der Zusammenkunft Friedrich Barbarossas und Heinrichs des Löwen verhältnismäßig spät ans Licht trat: erst zwanzig Jahre nach dem Ausbruch des Konfliktes, mehrere Jahre nach dem Tode Friedrichs, ein Jahr nach dem Tode Heinrichs[1]). Möglich ist, daß die Sage in der letzten Lebenszeit Heinrichs, wahrscheinlicher, daß sie unmittelbar nach seinem Tode emporkam. Wie ja zahlreiche Legenden sogleich nach dem Hinscheiden Friedrichs I. und nach dem Friedrichs II. auftauchten[2]), so werden auch Sagen, die sich um die Taten Heinrichs des Löwen woben, gerade nach seinem Tode hervorgetreten sein.

Das Phantasieleben war in der Epoche der Kreuzzüge stark entwickelt: Bänkelsänger durchzogen die Lande und erfüllten die Lüfte mit ihren Liedern[3]); Sagen umschwebten die Gestalten großer Persönlichkeiten und bildeten sich im Anschluß an bedeutungsvolle Schicksalsfälle. In einer solchen Zeit mußten zwei Männer wie Friedrich Barbarossa und Heinrich der Löwe den Sängern Stoff zu manchen erfundenen Erzählungen liefern. Insbesondere mußte der Konflikt der beiden befreundeten Fürsten zu einer dramatischen Gegenüberstellung einladen.

Die mündliche unzuverlässige Überlieferung, die namentlich durch Bänkelsänger weitergetragen wurde, hat in den Darstellungen der mittelalterlichen Chronisten eine weit

---

[1]) Die erste Nachricht findet sich bei Gislebert, der um 1196 schrieb. Der Konflikt brach 1175/76 aus; Friedrich starb 1190, Heinrich 1195.

[2]) Über die Gerüchte nach dem Tode Friedrichs I. vgl. Giesebrecht (-Simson), Geschichte der deutschen Kaiserzeit VI, 281 und 723; über Sagen nach dem Tode Friedrichs II. siehe Gueterbock, Eine zeitgenössische Biographie Friedrichs II. in NA. XXX, 44 (1905).

[3]) Über die Bedeutung der *ioculatores* im Mittelalter orientiert gut W. Hertz Spielmannsbuch, Einleitung S. 1 ff.

größere Rolle gespielt, als man heute gewöhnlich annimmt. Selbst ein so kritisch veranlagter Geschichtsforscher wie Scheffer-Boichorst neigt meines Erachtens allzusehr dazu, legendenhafte Erzählungen für bare Münze zu nehmen: ich erinnere nur an die phantastische Wette Ottos IV. und Philipp Augusts[1]) oder an die märchenartige Geschichte der Weiber von Weinsberg, die ich ebenfalls für unglaubwürdig halte, obgleich sie noch jüngst einen neuen Verteidiger gefunden hat[2]). Während die Geschichte von der Treue der Weinsberger Frauen vereinzelt vorkommt, taucht die Erzählung von der Wette Ottos IV. und Philipp Augusts in verschiedenen Gegenden auf, und in jeder Gegend in anderer Form, ein charakteristisches Merkmal der Bänkelsängersagen, wobei noch besonders bezeichnend ist, daß auch diese Erzählung wieder durch Arnold von Lübeck überliefert wird. Daß derartige Erzählungen auf keine wirklichen Ereignisse zurückgehen, das kann man freilich meist nur mit mehr oder weniger Wahrscheinlichkeit dartun. Selten läßt sich der Beweis mit solcher Sicherheit durchführen, wie in dem hier von uns besprochenen Fall.

Der Vergleich widerspruchsvoller Berichte, den wir im letzten Teil dieser Untersuchung anstellten, bestätigt das Ergebnis, auf das wir schon zu Beginn durch die Darstellung

---

[1]) Scheffer-Boichorst, Deutschland und Philipp II. August von Frankreich in FDG. VIII, 557 ff. (1868), wiederabgedruckt Gesammelte Schriften II, 119 ff. Schon die Unwahrscheinlichkeit des Vorgangs spricht hier gegen Scheffer-Boichorst für die Annahme einer Sage ohne historischen Hintergrund.

[2]) Vgl. Scheffer-Boichorst, Annales Patherbrunnenses S. 199 ff. und in FDG. XI, 494 f., wiederabgedruckt Gesammelte Schriften II, 284 f.; dagegen vor allem E. Bernheim in FDG. XV, 239 ff. (1875) und in Historisches Taschenbuch 1884 S. 13 ff.; W. Bernhardi, Konrad III., Bd. I, 191 Note 17; schließlich nochmals für die Glaubwürdigkeit ausführlich, aber nicht überzeugend K. Weller in Württembergische Vierteljahrshefte für Landesgeschichte NF. XII, 95 ff. (1903).

der Continuatio Aquicinctina geführt wurden: die angeblich so denkwürdige Zusammenkunft, die den Bruch zwischen Heinrich dem Löwen und Friedrich Barbarossa hervorgerufen haben soll, gehört in das Reich der Sage, gehört nicht in das Gebiet historischer Begebenheiten.

Über den Verlust zu klagen, wäre eine falsche Sentimentalität. Die Erzählung bleibt uns nicht minder wertvoll als eine Erfindung der Volksseele, die oft der Wahrheit näher kommt als die nüchternen Tatsachen.

Kapitel 2.

Der Konflikt zwischen Herzog und Kaiser in seinem tatsächlichen Verlauf.

Das Hilfsgesuch des Kaisers und die Hilfsverweigerung des Herzogs spielten sich in Wirklichkeit ab ohne eine persönliche Zusammenkunft.

Der Kaiser hatte im Frühjahr 1175 nach der vergeblichen Belagerung Alessandrias mit den aufständischen Lombarden zu Montebello Frieden geschlossen und infolge des Friedensschlusses sein Heer entlassen. Er konnte daher im Herbst, als die Lombarden sich weigerten, den Friedensvertrag einzuhalten, nur mit wenig Truppen den Kampf wiederaufnehmen. Allerdings war seine Lage keineswegs so verzweifelt, wie man auf Grund der schlecht informierten deutschen Quellen früher geglaubt hat. Vor kurzem habe ich erst nachgewiesen, daß der Kaiser sich damals nicht wehrlos in die Mauern Pavias einschloß, sondern daß er im Gegenteil mit den Waffen in der Hand eine fieberhafte Tätigkeit entfaltete: während sein schlachtenkundiger Feldherr, der Erzbischof Christian von Mainz, zunächst in der Romagna die Bolognesen und später weiter südwärts die Normannen besiegte, führte der Herrscher persönlich in Piemont den Krieg, er griff im November nochmals Alessandria an, überwinterte im Januar 1176 bei Turin und Jvrea, wandte sich dann zum drittenmal gegen Alessandria und wußte am 6. März die Stadt Tortona für sich zu gewinnen[1]). Aber um einen großen Schlag auszuführen, standen ihm in Italien doch nicht genug Truppen zur Verfügung, und so ließ er, während er hier durch immer wechselnde Bewegungen die Feinde beschäftigte, zugleich jenseits der Alpen ein neues Heer sammeln. Mit flammenden Worten rief er die deutschen Fürsten gegen die eidbrüchigen Rebellen ins Feld. Sein Brief an die Würzburger Kirche ist uns erhalten[2]). Ähnliche Schreiben ergingen — darüber kann kein Zweifel bestehen[3]) — durch das ganze Reich und naturgemäß auch an Heinrich den Löwen: diesen mächtigsten Fürsten, der zwei Herzogtümer in einer Hand vereinigte, muß der Kaiser besonders dringend durch Brief und Boten um Hilfe gebeten haben.

Heinrich leistete der Aufforderung keine Folge. Zwar kam er zu Beginn des Frühjahrs aus Sachsen nach Süddeutschland: am 29. Februar war er in seinem Herzogtum Bayern zu Burghausen an der Salzach, am 7. März in dem benachbarten Ranshofen, und am 14. März traf er mit dem Herzog von Österreich in Enns zusammen[4]); aber diese Reise, für die ja genügend Gründe in den bayrischen und österreichischen Verhältnissen lagen, brauchte mit dem Hilfsgesuch des Kaisers nicht in geringster Beziehung zu stehen.

Es ist mehr als zweifelhaft, ob Heinrich sich auch nur auf briefliche Verhandlungen mit dem Kaiser eingelassen hat. Vielleicht hat er auf das Hilfsgesuch überhaupt keine Antwort

---

[1]) GUETERBOCK, Ancora Legnano! Osservazioni critiche (Milano Hoepli 1901) S. 16 f. und Über Kaiserurkunden des Jahres 1176 in NA. XXVII, 245ff. Über die Kämpfe Christians von Mainz gegen Bologna siehe noch die Dissertation: Der Friede von Montebello (Berlin 1895) S. 81ff.

[2]) MG. Const. I, 346 (Nr. 246).

[3]) In diesem Brief an die Würzburger Kirche heißt es: . . . *ad succurrendum imperio et nostre maiestati confidenter vocamus, sicut et alios principes, qui nomen et honorem nostrum diligunt et imperio servire tenentur.*

[4]) Vgl. GIESEBRECHT, Geschichte der deutschen Kaiserzeit V, 784. VI, 527.

erteilt. So erzählt wenigstens die Continuatio Aquicinctina, die einzige zeitgenössische Quelle, die uns einen kurzen Bericht überliefert[1]). Für die Richtigkeit dieser Darstellung ist eine Bestätigung nicht beizubringen, da es ja an anderen gleichzeitigen Gewährsmännern fehlt. Ein Brief des Kaisers, den man dagegen anführen könnte, läßt sich nicht datieren[2]). Und so sehe ich zum mindesten keinen triftigen Grund, der sonst gut unterrichteten Continuatio Aquicinctina hier das Vertrauen zu versagen[3]), zumal ihre Darstellung an sich nicht unglaubhaft erscheint; denn zu der stolzen, hochmütigen Art des welfischen Herzogs würde es nicht schlecht passen, wenn er ohne Entschuldigung seinem Herrn die Hilfe verweigert hätte[4]).

In Widerspruch zu einer solchen Annahme stehen allerdings die Erzählungen späterer Quellen, bei denen es jedoch fraglich ist, wieweit sich in ihnen Dichtung mit Wahrheit gemischt hat.

Otto von S. Blasien[5]) berichtet in seiner sagenhaften Darstellung von der Unterredung der Fürsten, daß Heinrich die Stadt Goslar gefordert, daß Friedrich diese Forderung abgelehnt habe: *Dux itaque Heinricus .... Goslariam ditissimam Saxonie civitatem iure beneficii pro donativo ad hoc expetiit. Cesar autem tale beneficium sibi invito extorqueri ignominiosum existimans minime consensit.* Eine entsprechende Nachricht findet sich, anscheinend noch ohne die Erzählung von der Unterredung, in einer anderen

---

[1]) MG.SS. VI, 418. Siehe oben S. 8 Note 4.

[2]) Siehe oben S. 9 Note 4.

[3]) Auffällig sind vielleicht die Worte *ter commonitus*, die an die dreimalige Ladung vor Gericht erinnern; aber möglich ist freilich, daß der Kaiser in der Tat dreimal den Herzog ermahnt hat, Hilfe zu leisten: dies scheint auch Weiland (in FDG. VII, 157) anzunehmen.

[4]) So waren schon auf dem ersten Römerzug Fürsten wie Hartwich von Bremen und Ulrich von Halberstadt anscheinend unentschuldigt zu Haus geblieben.

[5]) MG.SS. XX, 316. Siehe oben S. 19 Note 3.

Quelle, in den sogenannten Marbacher Annalen[1]), die zwar auch erst dem 13. Jahrhundert entstammen, die aber vielleicht auf gute ältere Berichte zurückgehen[2]): *Imperatore aliquando in Ytalia manente nec copiam militum qua hostes imperii coercere posset habente auxilium Heinrici ducis imploravit. Qui nimiam suorum militum stragem factam conquerens Creme et apud Mediolanum non aliter imperio amminiculari posse respondit, nisi Goslarie opidum in beneficium sibi daretur. His et aliis causis imperator nimium exacerbatus....* Nach dieser Darstellung erfolgte die Forderung Heinrichs glaubwürdiger wohl nicht in einer mündlichen Unterredung, sondern vermutlich durch Brief und Boten. Aber es bleibt doch immer noch zweifelhaft, ob nicht auch diese Darstellung schon durch Erfindung entstellt ist, ob Heinrich seine Forderung wirklich erst bei Gelegenheit des kaiserlichen Hilfsgesuchs vorbrachte.

Mag man nun sich den jüngeren Quellen oder der älteren Continuatio Aquicinctina anschließen, mag man für den Winter 1175/76 Verhandlungen zwischen Herzog und Kaiser annehmen oder leugnen[3]) — Glauben verdient jedenfalls die

---

[1]) Annales Marbacenses qui dicuntur SS. Rer. Germ. p. 52. Vgl. A. Schulte in MJÖG. V, 513 ff., VII, 468 ff.; Wattenbach, Deutschlands Geschichtsquellen II, 451 f.; H. Bloch in der Vorrede zur Ausgabe und in seinem Buch: Die Elsässischen Annalen der Stauferzeit (Bd. I der Regesten der Bischöfe von Straßburg, Innsbruck 1908) S. 68. 117. 128.

[2]) Nach Bloch ist allerdings der hier in Betracht kommende Absatz nicht den älteren Straßburger Annalen zuzuschreiben, sondern einer jüngeren Neuburger Fortsetzung, die erst dem 13. Jahrhundert angehört und gute mit schlechten Nachrichten vermengt bringt. Mir scheint hier eine gute Nachricht vorzuliegen: darauf deutet außer der Erwähnung Goslars auch der Hinweis auf die Belagerungen Cremas und Mailands, da Heinrich der Löwe in der Tat zur Zeit jener Belagerungen zum letztenmal in Italien geweilt hatte.

[3]) An sich wäre während des ganzen Winters wohl reichlich Zeit, zwei Gesandtschaften Friedrichs mit einer dazwischen liegenden Antwort Heinrichs anzunehmen.

Nachricht, daß der Herzog vom Kaiser die Stadt Goslar einmal vergebens gefordert hat, daß die Ablehnung der Forderung einen Grund für den Konflikt bildete.

Goslar, das durch seine Bergwerke und durch seine strategische Lage eine der wichtigsten Sädte am Harz war, hatte schon seit 1152 viele Jahre hindurch Heinrich dem Löwen gehört[1]): wahrscheinlich war hier die Reichsvogtei mit ihren reichen Einkünften von Friedrich Barbarossa bei seiner Thronbesteigung dem welfischen Vetter geschenkt worden. Aber das drückende Regiment des strengen Herzogs brachte, wie manche im Lande, auch die selbstbewußten Bürger Goslars zur Empörung; in den sächsischen Wirren, die 1167 ausbrachen, wurde die herzogliche Pfalz bei der Stadt von den Feinden Heinrichs zerstört, die Stadt dagegen von Heinrich belagert. Der Kaiser ergriff in dem Frieden, den er 1168 stiftete, zwar entschieden für Heinrich Partei, aber die Vogtei Goslars scheint er damals doch wieder an das Reich genommen zu haben: denn in der Folgezeit trat dort als Vogt nicht mehr ein welfischer Ministeriale auf, sondern ein hochfreier Mann[2]). Diesen Verlust wird Heinrich als eine Kränkung empfunden und nicht vergessen haben; war er doch ebenso nachtragend wie gewinnsüchtig. So erscheint durchaus glaubwürdig, was in späterer Zeit Otto von S. Blasien und die sogenannten Marbacher Annalen berichten, daß der Herzog Goslar zurückgefordert und daß er um Goslars willen den Kaiser nicht unterstützt habe. Die

---

[1]) Vgl. zum folgenden Weiland in Hansische Geschichtsblätter, Jahrg. 1864, S. 29 ff.; G. Bode, Urkundenbuch der Stadt Goslar S. 39 ff. (Halle 1893); Giesebrecht, Geschichte der deutschen Kaiserzeit V, 609 ff., VI, 482 ff.; Simonsfeld, Friedrich I. (Jahrbücher des Deutschen Reiches) I, 75 f.

[2]) Als Vogt von Goslar ist nachweisbar: im Jahr 1151 ein gewisser Wittekind; von 1152 bis 1163 Anno von Heimburg, ein Ministeriale Heinrichs; von 1170 ab Ludolf, der vielleicht mit Graf Ludolf von Wöltingerode identisch ist.

Frage, wann Heinrich die Rückgabe Goslars gefordert hat, ist freilich nicht mehr mit Sicherheit zu entscheiden. Zweifellos ist aber, daß die Besitznahme Goslars durch den Kaiser und hiermit der Anlaß zum Streit schon in eine frühe Zeit, wahrscheinlich in das Jahr 1168, verlegt werden muß.

Außer dem Streit um Goslar werden aber noch andere Gründe bestanden haben, die zu der Entfremdung der beiden Vettern wesentlich beitrugen. Eine Vermutung läßt sich da mit großer Wahrscheinlichkeit aussprechen. Der alte Herzog Welf, der seit dem Tode seines Sohnes im Jahr 1167 ohne Erben dastand und nun in einem verschwenderischen und ausschweifenden Leben sein Geld verpraßte, gab seine italienischen Reichslehen, darunter die reichen mathildischen Güter, seinem Neffen, dem Kaiser, gegen Zahlung einer Geldsumme zurück, und seinem anderen Neffen Heinrich wollte er die Erbschaft seines schwäbischen Allodialbesitzes überlassen; da er aber mit Heinrich, der mit dem Gelde geizte, in Zank geriet, verkaufte er schließlich dem Kaiser, der freigebiger war, auch die Anwartschaft auf den deutschen Allodialbesitz[1]). Leider fehlen uns für diese Ereignisse die genauen Daten. Wir wissen nur, daß bereits zu Pfingsten 1175, als Welf auf dem Gunzenlee bei Augsburg prunkvolle Feste feierte, die Rückgabe der italienischen Lehen erfolgt war, während der Verkauf der schwäbischen Erbschaft anscheinend erst in eine spätere Zeit fiel. Aber Verhandlungen über den Kaufpreis der Erbschaft könnten doch gerade im Anschluß an das kostspielige Pfingstfest von 1175 eingeleitet worden sein, und die Rivalität der Vettern Friedrich und Heinrich mag da-

[1]) Historia Welforum continuatio Staingademensis MG. SS. XXI, 471 und SS. Rer. Germ. (Monumenta Welforum antiqua) p. 41sq.; Otto von S. Blasien MG. SS. XX, 314 (cap. 21). Vgl. hierzu S. Adler Herzog Welf VI. und sein Sohn (Hannover 1881) S. 130 f. und Giesebrecht(-Simson), Geschichte der deutschen Kaiserzeit VI, 527.

mals unmittelbar vor dem Winter 1175/76 eine Steigerung erfahren haben[1]).

Lassen sich so mehrere äußere Motive für die Entstehung des Konfliktes ausfindig machen, ein letzter Grund ist daneben wohl in dem inneren Gegensatz der Persönlichkeiten zu suchen, in der Verschiedenheit ihrer Denkart und Anschauungsweise. Der Marbacher Annalist[2]) erzählt, Heinrich habe über die Verluste geklagt, die er früher einmal in Italien während der Belagerungen Cremas und Mailands erlitten hatte. Hiermit werden die Empfindungen des Herzogs anscheinend richtig gekennzeichnet; denn er hat in der Tat seit der Belagerung Mailands im Jahre 1161 nicht mehr den italienischen Boden betreten. Offenbar bestand eine Kluft zwischen dem idealistisch veranlagten Kaiser, der im Kampf gegen Lombarden und Papsttum hohe Anforderungen an seine Untertanen stellte, und dem nüchtern denkenden Herzog, der für die italienischen Ziele der Reichspolitik kein Verständnis besaß, dessen Interessen ausschließlich in den deutschen und wendischen Ländern lagen.

Ranke hat den Gegensatz der beiden Naturen stark betont, und unter dem Bann von Rankes genialer Schilderung bewegt sich die gesamte spätere Geschichtsforschung: so erblickt insbesondee auch Giesebrecht den maßgebenden Grund der Hilfsverweigerung in dem Verlangen Heinrichs, seine gesammelten Kräfte im Norden für ihm näher liegende Ziele zu verwenden, statt sie im Süden für die Her-

---

[1]) Da der Kaiser sich schon vorher im tatsächlichen Besitz der italienischen Lehen befand, war hier die nominelle Rückgabe seitens Welfs von geringer Bedeutung; sie mag aber trotzdem von Heinrich mißgünstig aufgefaßt worden sein. Wichtiger war der schwäbische Allodialbesitz: die Übertragung ist anscheinend erst 1179 zum Abschluß gekommen, dürfte aber vorher schon vereinbart worden sein.

[2]) MG. SS. XVII, 161. Vgl. auch Arnold von Lübeck MG. SS. XXI, 127. SS. Rer. Germ. p. 37: *expeditionibus tam Italicis quam etiam aliis* . . . .

stellung der kaiserlichen Macht zu gefährden[1]). Eine solche stark egoistische Auffassung scheint allerdings dem Herzog nicht fremd gewesen zu sein; sie war vielleicht in früheren Zeiten der Hauptgrund, der ihn von den italienischen Feldzügen 1166/67 oder 1174/75 zurückhielt[2]), aber schwerlich gerade im Jahre 1176, in welchem er vom Kaiser dringend um Hilfe gebeten wurde. Damals bot für Heinrichs Handlungsweise seine Abneigung, sich in ferne Unternehmungen einzulassen, allein noch keine hinreichende Erklärung; auch nicht ein sonst vorhandener Gegensatz zu der Persönlichkeit des Kaisers, mit dem er ja Jahrzehnte hindurch in bestem Einvernehmen gelebt hatte. Ich glaube vielmehr, daß das ihn treibende Motiv in jener Zeit weniger allgemeine Erwägungen waren, sondern bestimmte Vorkommnisse: einzelne sachliche Differenzen mit dem Kaiser, wie die Streitigkeiten um Goslar und um das Erbe Welfs.

Ob außer diesen Streitpunkten, die innerhalb des Reichs lagen, auch noch Einflüsse auswärtiger Mächte auf Heinrich eingewirkt haben, ist schwer zu entscheiden; der Verdacht läßt sich kaum abweisen. Zwar bin ich mit Ranke[3]) überzeugt, daß Heinrich nicht mit den offenen Feinden des Kaisers, mit Papst Alexander III. und den aufständischen Lombarden, einverstanden war: denn ein auf Alexanders Seite stehender Bischof — Ulrich von Halberstadt — war gerade einer seiner Hauptgegner, und für die lombardischen Angelegenheiten hat er nie das geringste Interesse ge-

[1]) Ranke, Weltgeschichte VIII, 195. Giesebrecht, Geschichte der deutschen Kaiserzeit V, 782.

[2]) Im Jahre 1166 wurde Heinrich durch die unsicheren Verhältnisse in Norddeutschland festgehalten; aber sein Fernbleiben von der italienischen Heerfahrt ist doch schon damals auffällig, noch auffälliger im Jahre 1174, wo kein triftiger Grund ersichtlich ist; am auffälligsten freilich im Jahre 1176, in dem gerade die norddeutschen Gegner Heinrichs fast alle nach Italien zogen.

[3]) Weltgeschichte VIII, 193.

zeigt [1]). Dagegen ist aber zweifellos, daß er mit verschiedenen anderen Mächten, die dem deutschen König feindlich gesinnt waren, in Verbindung stand.

In erster Reihe kommt hier das griechische Kaisertum in Betracht [2]). Im Jahre 1172 hat Heinrich auf seiner Fahrt in das heilige Land die freundschaftlichsten Beziehungen zu Kaiser Manuel unterhalten [3]): mit glänzendem Gefolge reiste er nach Konstantinopel, er wurde auf das ehrenvollste empfangen, auf das reichste beschenkt. Gleichzeitig mit dem Herzog kam allerdings auch ein Gesandter Friedrich Barbarossas zu Manuel, um Verhandlungen über einen Ehebund zwischen den beiden kaiserlichen Familien zu führen. Selbst wenn man aber diese Verhandlungen, die ergebnislos blieben, ernst nimmt, so mußten doch die ränkevollen Griechen noch als verkappte Feinde der Deutschen gelten: sie waren ja die geborenen Rivalen der deutschen Herrschaft in Italien; sie hatten dort mit Papst Alexander Verbindungen angeknüpft, hatten durch ihr Geld Ancona und die lombardischen Städte aufgewiegelt; mochten auch die Beziehungen der beiden Kaiser sich jetzt etwas besser gestalten, unveränderlich blieb das alte Mißtrauen, das in dem Gegensatz der Interessen tief begründet war. Die Frage ist nur, wie weit Heinrich sich mit den Griechen eingelassen hat. Sogleich nach seiner Rückkehr aus dem Orient suchte er den Hof Friedrichs auf, und äußerlich hat es damals noch nicht den Anschein, als

---

[1]) Die Beschuldigung, daß er mit den Lombarden konspiriert habe, taucht erst in späten und sagenhaften Erzählungen auf und verdient offenbar keinen Glauben.

[2]) Zum folgenden siehe die Quellennachweise bei Giesebrecht, Geschichte der deutschen Kaiserzeit VI, 499 ff., 502 und 526: in der Auffassung und Wertung der Berichte weiche ich wesentlich von Giesebrecht ab.

[3]) Schon vorher bestanden Beziehungen zwischen Herzog Heinrich und Kaiser Manuel: so kam bereits 1164 eine Gesandtschaft Manuels nach Braunschweig (Helmold Chronica Slavorum MG.SS. XXI, 91).

ob die Freundschaft der beiden Vettern eine Trübung erfahren hätte. Aber schon wenige Jahre später tritt laut das Gerücht hervor, daß der Herzog in Konstantinopel bestochen worden sei. Für diese Beschuldigung besitzen wir verschiedene zeitgenössische Zeugnisse, über die auch vorsichtige Forscher wie GIESEBRECHT meines Erachtens allzu leicht hinweggeglitten sind [1]. Bereits Gottfried von Viterbo erwähnt das Gerücht, Heinrich habe mit den Griechen einen Bund geschlossen [2]; ein englischer Zeitgenosse, der vielfach gut unterrichtet ist, legt dem Kaiser Friedrich die Äußerung in den Mund, Heinrich sei zum Schaden des Reichs nach Konstantinopel gereist [3]; auch die kurzen Worte, die sich in einer um 1182 niedergeschriebenen Chronik zum Jahre 1172 finden, *Heinricus dux contra regnum iurat* beziehen sich vermutlich auf Heinrich den Löwen und seinen Aufenthalt am griechischen Hofe [4]. Nun brauchten ja solche Gerüchte nicht auf Wahrheit zu beruhen. Aber ein erschwerender Umstand ist doch in diesem Fall, daß Heinrich in dem Prozeß, wie wir noch des näheren sehen werden, wirklich des Hochverrats angeklagt wurde: hieraus ergibt sich jeden-

---

[1]) GIESEBRECHT (V, 779 ff.) berührt die auswärtigen Verbindungen des Herzogs, stellt sie aber als unwesentlich dar.

[2]) MG.SS. XXII, 332; SS. Rer. Germ. p. 43, Vers 1147 sqq.

Dicitur Henricus, dum cesaris esset amicus,
Federis oblitus Greco sociatus iniquo,
Ledat ut imperium Romuleosque situs.

und Vers 1159 sq. . . . . *munera Greci*
Nil magis auxilii referent quam lumina cecis.

[3]) Gesta Henrici II. MG.SS. XXVII, 101: *Preterea imperator ipse dicebat, quod idem dux profectus fuerat ad Manuelem imperatorem Constantinopolitanum in detrimentum ipsius et imperii Romani.* Über die Gesta siehe weiter unten.

[4]) Continuatio Cremifanensis MG.SS. IX, 546: der Editor WATTENBACH bezieht allerdings die oben zitierten Worte auf den Herzog Heinrich von Österreich, aber, wie ich glaube, mit Unrecht, da der unmittelbar vorausgehende Satz lautet *Heinricus dux Bawarie et duo palatini Jerusalem tendunt.*

falls soviel, daß schon im Jahre 1179 derartige Beschuldigungen gegen Heinrich öffentlich erhoben wurden [1]).

Neben den Griechen nennt Gottfried von Viterbo noch die Franzosen, Engländer und Sizilianer zwar nicht ausdrücklich als Verbündete Heinrichs, aber doch als Mächte, die seinen Sturz nicht verhindert haben [2]). Andere Quellen machen es wahrscheinlich, daß Frankreich, Flandern und England mit Heinrich in Verbindung standen [3]). Allerdings handelt es sich hier um Begebenheiten, die in eine etwas spätere Zeit nach der Hilfsverweigerung gehören und noch im Prozeß zu erwähnen sind. Aber wenigstens von dem englischen König kann angenommen werden, daß er sich schon vorher mit dem welfischen Herzog, der sein Schwiegersohn war, in Konnex befand [4]); und der englische König war zwar einst mit Friedrich Barbarossa verbündet gewesen, hatte sich aber längst gleich den Franzosen auf die Seite von Papst Alexander gestellt: er suchte gerade im Jahre 1176 unter Vermittlung Alexanders verwandtschaftliche Beziehungen zu den Normannen, den alten Gegnern der Deutschen, anzuknüpfen [5]).

---

[1]) Erwähnt sei noch eine bei Gobelinus (a. a. O.) überlieferte Sage: während Heinrichs Orientfahrt habe Friedrich die Sachsen eidlich verpflichtet, ihre Burgen, falls Heinrich nicht heimkehre, auszuliefern, und daraus sei der Konflikt zwischen beiden entstanden.

[2]) Gottfried Gesta Friderici I. MG.SS XXII, 332. SS. Rer. Germ. p. 43, Vers 1157 sqq.

[3]) Chronica regia Coloniensis SS. Rer. Germ. p. 130; Radulfus de Diceto MG.SS. XXVII, 296.

[4]) Im Jahre 1174/75 lassen sich Boten der Herzogin, der Gemahlin Heinrichs des Löwen, am englischen Hof nachweisen: siehe Pipe Roll Society Publications Bd. XXII (1897) p. 188. Vgl. ebendort Bd. XXV (1904) p. 11. 13, wo im Jahre 1175/76 von den Boten und von den Söhnen des Herzogs die Rede ist.

[5]) F. Hardegen, Imperialpolitik König Heinrichs II. von England (Heidelberg 1905) hat die gegen Friedrich I. gerichteten Pläne Heinrichs II. behandelt, aber phantastisch und ohne Kritik.

Ob diese auswärtigen Mächte — vornehmlich die Griechen und die Engländer — auf die Entschlüsse Heinrichs irgendeinen Einfluß ausgeübt haben, bleibt fraglich; sicher ist nur, daß es in ihrem Interesse lag, die Verstimmung des Herzogs gegen seinen Herrn und Kaiser eher zu schüren als zu dämpfen.

So reizvoll es auch ist, den Ursachen des Konflikts nachzugehen, vollständige Klarheit wird hier niemals erreicht werden. Aber eins scheint sich mir doch aus den Erörterungen zu ergeben: der Konflikt zwischen den beiden langjährigen Freunden ist nicht plötzlich aufgetaucht, sondern hat sich nach und nach vorbereitet. Der erste Anlaß fiel mit dem Streit um Goslar vermutlich schon in das Jahr 1168; in den siebziger Jahren verschärfte sich dann der Gegensatz durch den Zwist um die Erbschaft Welfs. So entstand namentlich in Heinrichs Gesinnung ein Umschwung, der im Jahre 1172 durch griechische und später durch englische Einflüsse vielleicht beschleunigt sein mag. Zieht man zu alledem noch den Egoismus Heinrichs in Betracht, seinen zu dem Idealismus Friedrichs bestehenden inneren Gegensatz, der freilich als Motiv allein nicht zu überschätzen ist, so erklärt sich zur Genüge, daß Heinrich im Jahre 1176 so weit ging, den Kaiser, seinen alten Freund, in der Not im Stich zu lassen.

Da man bisher an der sagenhaften Unterredung von Herzog und Kaiser festhielt, neigte man naturgemäß zu der Vorstellung, daß bei dem Gegensatz der Persönlichkeiten, den man in den Vordergrund stellte, der Konflikt jäh ausgebrochen sei. Dieser weitverbreiteten Auffassung wird in dem Augenblick, wo man die Unterredung fahren läßt, der Boden entzogen. Die Mißstimmung des Herzogs gegen den Kaiser ist anscheinend allmählich angewachsen: ehe sie in heller Flamme zum Ausbruch kam, glomm sie längere Zeit im Verborgenen unter der Asche [1]).

---

[1]) Ranke (Weltgeschichte VII, 193) weist zwar auch kurz auf eine Verstimmung vor der Unterredung hin, aber er schildert doch die Unterredung als ausschlaggebend. Vgl. noch Riezler, Geschichte

Während in der Beurteilung der Motive, die den Herzog zur Verweigerung der Heeresfolge bestimmten, bisher nur wesentlich e i n e Auffassung — wohl vor allem durch die Kraft der RANKEschen Darstellung — geherrscht hat, existiert eine ausgedehnte Kontroverse über die größere oder geringere Bedeutung der Hilfsverweigerung, über ihre Folgen und Wirkungen.

WEILAND hat die Ansicht vertreten, daß Heinrich zur Hilfeleistung verpflichtet gewesen sei [1]: er stützt sich auf eine vereinzelte Notiz der Schwarzwälder Annalen zum Jahre 1175: *Nova expeditio a principibus iuratur* [2]) und auf Parallelen, die sich bei anderen Römerzügen aus der Bestrafung unbotmäßiger Bischöfe ergeben. Aber FICKER und WAITZ haben sich mit verschiedenen Einwänden gegen die These WEILANDS gewandt [3]. Es bleibt zweifelhaft, ob die Notiz der Schwarzwälder Annalen glaubwürdig ist, ob alle Fürsten zur Heerfahrt verpflichtet waren und ob die Verpflichtungen der Reichskirchen nicht strengere waren als die der Laienfürsten. Tatsächlich sind im Jahre 1176 nur sehr wenige Fürsten nach Italien gezogen: ein allgemeiner Zwang zur Heeresfolge scheint damals nicht bestanden zu haben; eine Verpflichtung Heinrichs läßt sich demnach kaum annehmen.

Eine andere Frage ist, ob Heinrichs Hilfsverweigerung nicht trotzdem den Kaiser auf das Schmerzlichste enttäuscht

---

Baierns I, 710 ff.; GIESEBRECHT Geschichte der deutschen Kaiserzeit V, 779 ff.; O. v. HEINEMANN im Braunschweigischen Magazin vom 24. November und 28. Dezember 1895: wohl die beste zusammenfassende Darstellung, in der aber die Möglichkeit von Einflüssen auswärtiger Mächte gar nicht berührt wird.

[1]) WEILAND in FDG. VII, 128 f., 157. 169.

[2]) Annales S. Georgii MG.SS. XVII, 296. Vorausgehen die Worte: *Longobardi deditionem faciunt et rursus violare contendunt*; das Folgende kann sich daher nur auf den Winter 1175 zu 76 beziehen.

[3]) FICKER, Forschungen zur Reichs- und Rechtsgeschichte Italiens I, 176 (§ 81, Note 8); WAITZ in FDG. X, 161 Note 1.

hat. Heinrich verdankte ja die außerordentliche Macht, die er besaß, vornehmlich seinem kaiserlichen Vetter, der ihm zu dem Herzogtum Sachsen noch das Herzogtum Bayern gegeben, der ihn über alle Fürsten des Reiches erhoben und den Streitlustigen gegen zahlreiche Gegner immer wieder gehalten hatte. Im Vergleich zu den großen Gunstbeweisen mußten die Differenzen wegen Goslar und des Welfschen Erbes gering erscheinen; es mußte als eine einfache Pflicht der Dankbarkeit gelten, daß der Herzog sich seinem Herrn in der Not nicht versagte. So läßt sich die Verpflichtung Heinrichs, wenn nicht als eine juristische, doch als eine moralische betrachten, und die Hilfsverweigerung konnte vielleicht nicht, wie Weiland annimmt, Gegenstand der prozessualischen Klage werden, aber immer noch, wie Waitz meint, der Grund für die Feindschaft des Kaisers.

Die bisher allgemein gültige Anschauung, daß die Hilfsverweigerung unmittelbar zur Feindschaft zwischen Kaiser und Herzog geführt habe, ist freilich neuerdings angefochten worden. Dietrich Schaefer[1]) stellt als unwiderleglich hin, „daß der Kaiser jedenfalls in den beiden ersten Jahren nach der Schlacht von Legnano nicht auf den Gedanken gekommen ist, dem »Hochverräter« den Prozeß zu machen, daß er im Gegenteil die eingetretene Spannung als eine auf friedlichem Wege lösbare angesehen hat und von der früher in den Streitigkeiten Heinrichs des Löwen mit seinen sächsischen und rheinischen Gegnern beobachteten Haltung nicht wesentlich abgewichen ist, vielleicht auch jetzt noch Heinrich den Löwen begünstigt hat." Ist diese Auffassung richtig, dann müßten wir unsere bisherigen Ausführungen einer vollständigen Revision unterziehen: handelt es sich hier nur um eine friedlich lösbare Spannung, nicht um einen unheilbaren Bruch zwischen Herzog und Kaiser, dann würde der eigent-

---

[1]) HZ. LXXVI, 388.

liche Konflikt in eine spätere Zeit fallen [1]) und erst in der Hochverratsklage zutage treten, und, da über den Hochverrat selbst Zweifel bestehen, würde der ganze Gegensatz zwischen Heinrich dem Löwen und Friedrich Barbarossa an Bedeutung verlieren. Kaum abweisbar wären ferner die weiteren Folgerungen, die LUCAS aus der SCHAEFERschen Auffassung zieht [2]): wenn wirklich in den ersten Jahren nach der Hilfsverweigerung der Kaiser dem Herzog nicht feindlich gegenübergestanden hat, dann erhalten hiermit auch die damaligen italienischen Ereignisse, wie namentlich die Schlacht von Legnano, eine völlig neue Wertung.

Wie begründet nun SCHAEFER seine Auffassung? Er beruft sich auf die Darstellung der Pegauer Annalen [3]), die uns berichten, daß die Kämpfe Heinrichs des Löwen mit

---

[1]) SCHAEFER (S. 409) bemerkt später noch im letzten Stadium des Prozesses, „daß der Kaiser sich nur schwer hat entschließen können, den Löwen völlig fallen zu lassen."

[2]) F. LUCAS, Zwei kritische Untersuchungen zur Geschichte Friedrichs I., S. 15 ff.

[3]) SCHAEFER a. a. O. S. 386—88. Annales Pegavienses MG. SS. XVI, 262: *Philippus archiepiscopus Coloniensis cum exercitu multo usque Wiseram omnia, que ducis Heinrici fuerant, miserabiliter vastavit; ubi, pro dolor, etiam ecclesiis non parcitur. Wicmannus Magdaburgensis et Merseburgensis Everhardus cum aliis obviam pacifice venientes impetum Coloniensium amice retinuerunt. Udalricus Halberstadensis iuxta civitatem urbem Biscofesheim auxilio marchionis Ottonis de Misna et Bernhardi comitis instruxit. Dux Heinricus cum exercitu superveniens eos impedire conatus est. Sed Magdaburgensis rursus eos sedavit, pace inter eos ad tempus promissa. Exercitu dimisso urbs eadem quorundam arte exusta est. Iterum episcopus Wicmannus diligentior de pace interrupta et rursus reparanda suo et omnium principum auxilio eandem reparandam promisit. Quo cum magno exercitu ex omni terra principes convenerunt. Interim etiam palatinus comes de Sumerissinburch cum multis militibus ducis superveniens, iuxta paludem castra metatus est, principibus urbem restaurantibus. Audito adventu militum ducis, quidam ex adversa parte signifero Bernhardo comite de Anhalt armati illos invadunt. Quorum signifer prefatus palatinus statim fugam iniit et omnibus causa ruine factus est. Nam ex militibus ducis amplius quam quadringenti*

seinen Gegnern, vor allem mit dem Erzbischof von Köln und dem Bischof von Halberstadt, durch wiederholte friedliche Vermittlungen beigelegt worden seien: der Erzbischof Wichmann von Magdeburg habe zuerst einen Kriegszug des Kölner Erzbischofs, dann einen solchen des Herzogs Heinrich aufgehalten und sei darauf für den Wiederaufbau einer durch Feuer zerstörten Burg des Bischofs von Halberstadt eingetreten; hierbei seien jedoch neue Kämpfe ausgebrochen, die für die Truppen des Herzogs unglücklich verliefen, der Kaiser habe aber durch eine Botschaft die Fortsetzung des Burgenbaues verhindert. Lassen diese Ereignisse, die in die Jahre 1177 und 1178 gehören, irgendwelche Schlüsse auf die damaligen Gedanken und Absichten des Kaisers zu? Ich glaube die Frage mit Nein beantworten zu müssen. SCHAEFER betont zwar, daß im Anfang Wichmann von Magdeburg und am Schluß der Kaiser entschieden zugunsten Heinrichs des Löwen eingegriffen hätten. Es ist jedoch nicht einmal sicher, ob der Kaiser zugunsten Heinrichs eingreifen wollte, da er zu dem Zeitpunkte, zu dem er seine Botschaft absandte, schwerlich Nachricht von der zuletzt erfolgten Niederlage der herzoglichen Truppen haben konnte. Jedenfalls steht aber andererseits fest, daß der Vertraute des Kaisers Wichmann von Magdeburg, der auch nach SCHAEFERS Ansicht im kaiserlichen Auftrag handelte, zum zweiten- und drittenmal entschieden zuungunsten Heinrichs auftrat, immer in der ausgesprochenen Hoffnung, den Frieden wiederherzustellen: um des Friedens willen wollte Wichmann die Burg aufbauen lassen; als hierüber Kämpfe ausbrachen, verbot der Kaiser den Bau und erreichte so durch die entgegengesetzte Maßnahme sein und Wichmanns gemeinsames Ziel, den Frieden. Aus alledem ergibt sich nur, daß der

capti sunt ibi, pauci occisi et aliqui in palude vel suffocati sunt vel armis abiectis miserabiliter effugerunt. Et hostes armis et equis pluribus adeptis ad urbem et ad socios, qui ista nesciebant, reversi sunt. Legatione tamen imperatoris et precepto eandem urbem reparare sunt inhibiti.

Kaiser mit Wichmann eine Friedenspolitik betrieb, bei der die Handlungen bald mehr im Interesse der einen, bald mehr im Interesse der anderen Partei ausfielen. Eine solche Vermittlungspolitik war ja bei der damaligen Lage auch die einzig mögliche: so lange der Kaiser sich jenseits der Alpen befand, mußte er um jeden Preis in Deutschland Kämpfe zu verhindern suchen, gleichviel ob er die Absicht hegte, später einmal als Richter für oder wider den Herzog Partei zu ergreifen. So kann ich dem Beweismoment, das Schaefer für unwiderleglich hält, keine besondere Bedeutung beimessen.

Schaefer stützt sich außerdem noch auf das argumentum ex silentio, auf die Mangelhaftigkeit der Überlieferung, die hier derartig schlecht sei, wie bei keinem anderen wichtigen Ereignis in Barbarossas Geschichte: er meint, daß der „Zusammenhang zwischen dem Sturze Heinrichs und seiner Hilfsverweigerung erst in Quellen berichtet wird, die mindestens dreißig Jahre nach den betreffenden Ereignissen entstanden sind. Keine frühere Quelle weiß etwas von einem solchen Zusammenhang“ [1]). Dies ist nicht zutreffend, da Gislebert von Mons im Jahre 1196, d. i. zwanzig Jahre nach 1176, sechzehn Jahre nach 1180, schrieb und andere Gewährsmänner, wie der Mönch von Anchin, den Ereignissen noch bedeutend näher standen. Dazu kommt, daß diese anderen Gewährsmänner nicht schlechtweg als unglaubwürdig abzuweisen sind, und daß ihre Nachrichten nicht etwa mit der sagenhaften Darstellung Gisleberts und den späteren Erzählungen des 13. Jahrhunderts zusammengeworfen werden dürfen[2]).

---

1) Schaefer a. a. O. S. 389.

2) Schaefer (S. 412) nennt Saxo Grammaticus und Arnold von Lübeck als die ersten, die von einer Verbindung zwischen Heinrichs Sturz und der Hilfsverweigerung berichten. Er hält eine solche Verbindung zwar für wahrscheinlich, aber er zieht aus der angeblich schlechten Überlieferung den Schluß, daß der Hilfsverweigerung nur eine äußerst geringe Bedeutung für den Sturz Heinrichs zukomme.

Den Bericht der Continuatio Aquicinctina habe ich bereits oben besprochen[1]): er klingt glaubwürdig und ist unmittelbar nach den Ereignissen von 1180 niedergeschrieben, muß also noch als zeitgenössisch gelten.

Ebenfalls zeitgenössisch ist wahrscheinlich die Schilderung einer englischen Quelle, der Gesta Henrici II.: so nach Ansicht der beiden Herausgeber STUBBS und LIEBERMANN[2]). Was WAITZ dagegen für eine spätere Entstehungszeit gerade der Schilderung des Jahres 1180 anführt, ist nicht stichhaltig[3]); denn wenn der Autor hier irrtümlich erzählt, der Herzog habe die Wahl von Friedrichs Sohn Heinrich zum deutschen König nicht anerkennen wollen[4]) oder er habe im Prozeß freies Geleit gefordert, so ist die Wiedergabe solcher Gerüchte kein Beweis gegen die Gleichzeitigkeit der Quelle, ebensowenig wie die Bezeichnung des Kaisers als Onkel des Herzogs: derartige Irrtümer finden sich im Mittelalter oft bei Schriftstellern, die von fernen Begebenheiten berichten, wie z. B. bei Matheus Paris, der auch als Engländer zahlreiche Anekdoten und falsche Nachrichten von den zu seiner Zeit lebenden Personen des Kontinents bringt. Ich möchte daher an der Gleichzeitigkeit der ausführlichen Schilderung der Gesta Henrici mit STUBBS[5]) und LIEBER-

---

[1]) Siehe S. 8 ff.

[2]) W. STUBBS Gesta Henrici II. et Ricardi I. Bd. I, XLVI in Rerum Britannicarum medii aevi SS. Nr. 49 (London 1867); vgl. F. LIEBERMANN in MG. SS. XXVII, 82.

[3]) WAITZ in FDG. X, 162.

[4]) Die Wahl fand im Juni 1169 zu Bamberg statt, die Krönung Mitte August zu Aachen: siehe GIESEBRECHT a. a. O. V, 637—39, VI, 489 f. Aber GIESEBRECHT wendet sich hier mit zu großer Bestimmtheit gegen die Glaubwürdigkeit der Gesta Henrici; möglich ist doch immerhin, daß der Herzog Bedenken hatte und erst durch damals erfolgte Zugeständnisse für die Anerkennung des Königssohnes gewonnen wurde.

[5]) STUBBS (a. a. O. XLVI) nimmt einen Wechsel des Verfassers in der Darstellung des Jahres 1180 an, aber erst hinter unserer Stelle. Übrigens muß auch der spätere Autor zeitgenössische Aufzeichnungen verarbeitet haben.

MANN[1]) festhalten. Auf jeden Fall klingt im Gegensatz zu den erwähnten unsicheren Gerüchten die Angabe, die für uns in Betracht kommt, durchaus glaubhaft[2]): *Dicebat enim imperator ille, quod per defectum ducis amiserat Longobardiam, quia non permisit, quod exercitus sui eum sequerentur.*

Etwas später dürfte die knappe Notiz des Saxo Grammaticus entstanden sein[3]): *Posthec Henricus ob exercitum cesari adversum Italos negatum gravem bello offensam expertus....*

Auch die Darstellung der Marbacher Annalen, auf die ich schon oben in anderem Zusammenhang hinwies, ist vermutlich auf ältere gute Nachrichten zurückzuführen[4]).

Schließlich erwähne ich noch die Worte, die sich in dem trefflichen Bericht Ansberts über den Kreuzzug Friedrich Barbarossas zum Jahre 1190 finden[5]): *filius quondam Saxonie ducis Heinrici nomine patris dictus, qui in spe recuperande dignitatis paterne, quam aliquando, dum imperator Fridericus contra Lonbardos decertasset et (Heinricus) auxilium petenti denegasset, perdidit, obsequium prestitit*[6]).

Die genannten Quellen stehen insgesamt den Ereignissen mehr oder weniger nahe. Sie kennen im Gegensatz zu

---

1) LIEBERMANN laut mündlicher Mitteilung.

2) MG. SS. XXVII, 101.

3) MG. SS. XXIX, 150 (lib. XV). Über die Abfassungszeit siehe WAITZ in der Vorrede zur Ausgabe S. 38 Note 12—14; WATTENBACH, Deutschlands Geschichtsquellen II, 347.

4) SS. Rer. Germ. p. 52. Siehe oben S. 32 Note 2.

5) Ansberti Historia de expeditione Friderici imperatoris in Fontes rerum Austriacarum SS. V, 75. Vgl. WATTENBACH a. a. O. II, 315 und 321.

6) Professor ALEXANDER CARTELLIERI macht mich überdies aufmerksam auf eine Stelle in der Mazarine-Hs. 2017 Blatt 397 zum Jahre 1180: *Inter Fredericum imperatorem Romanorum et ducem Saxonie orta fuit concertatio dura occasione defectus homagii...* Über die Handschrift, die unter dem Namen der Chronik des Guillelmus de Nangiaco geht (vgl. Ausgabe der Société de l'histoire de France ed. H. Géraud, Bd. I, 70), siehe A. CARTELLIERI, Philipp II. August von Frankreich II, 274 ff.

den späteren Chroniken noch nicht die Sage von der persönlichen Begegnung zwischen Herzog und Kaiser, wissen auch nichts Übertriebenes von einer Verschwörung Heinrichs mit den Lombarden zu erzählen; sondern sie berichten nur nüchtern und maßvoll, daß Heinrichs Hilfsverweigerung den Grund für die Feindschaft des Kaisers bildete. Diese Nachricht ist daher nicht, wie SCHAEFER meint, schlecht überliefert, sondern sie kann als gut beglaubigt gelten.

Mit dieser Nachricht stimmt nun auch alles überein, was uns über die Ereignisse nach der Hilfsverweigerung irgend bekannt ist.

Die Schlacht von Legnano ging verloren, weil der Kaiser nicht genügend Truppen zur Hand hatte: wie wir aus verschiedenen sich ergänzenden Berichten mit Sicherheit feststellen können, bestand das deutsche Hilfsheer nur aus 700 oder höchstens 1000 Rittern[1]). Die Schuld an der Niederlage trugen demnach die deutschen Fürsten, die den Kaiser im Stich gelassen hatten, und zwar an erster Stelle der mächtigste Fürst, der Herzog von Sachsen und Bayern: Heinrich der Löwe. Ihn mußte daher der Zorn des Kaisers treffen.

Wichtig ist in diesem Zusammenhang die bisher kaum beachtete Tatsache, daß gerade die norddeutschen Gegner des Herzogs dem Kaiser Beistand leisteten und im Früh-

---

[1]) Siehe GUETERBOCK in Quellen und Forschungen aus italienischen Archiven und Bibliotheken XI, 21 ff. In einer dort besprochenen Stelle der Mailänder Annalen (Gesta Federici I. imperatoris in Lombardia. SS. Rer. Germ. p. 63) ist aber der Satz *et dicebatur quod erant duo milia* besser als Parenthese zu *militibus fere mille* aufzufassen: diese Interpretation, auf die mich Herr Professor TANGL aufmerksam macht, ist einleuchtender als mein früherer Erklärungsversuch, der philologisch anfechtbar ist. Auf jeden Fall gibt der Mailänder Annalist nach der einen wie nach der anderen Auslegung die Zahl der deutschen Ritter, die an der Schlacht teilnahmen, nur auf 1000 an, nicht auf 3000, wie DELBRUECK (Geschichte der Kriegskunst III, 357 Note 1) irrig angenommen hat.

jahr 1176 in Italien anwesend waren: so der Erzbischof Philipp von Köln, der Landgraf Ludwig von Thüringen, der Markgraf Dietrich von der Lausitz und der Sohn Albrechts des Bären, Graf Bernhard von Anhalt[1]). Diese dem Herzog verfeindeten Männer werden den Zorn des Kaisers nicht besänftigt, sondern nach Möglichkeit angestachelt haben.

Eine Folge der Schlacht von Legnano waren die Friedensverhandlungen zwischen Friedrich Barbarossa und Papst Alexander, die in Anagni begannen und in Venedig ihren Abschluß fanden: das Ergebnis war, daß zumeist in Italien die alexandrinischen Bischöfe, in Deutschland die kaiserlichen Kirchenfürsten anerkannt wurden. Zu den wenigen Veränderungen in Deutschland, die ausnahmsweise zugunsten Alexanders ausfielen und daher besonders hervorgehoben wurden, gehörte der Wechsel im Bistum von Halberstadt. Dieser Wechsel traf nicht so sehr den Kaiser, wie Heinrich den Löwen, der ein Feind des wiedereingesetzten Bischofs Ulrich und ein Freund des abgesetzten Gero war, und der von Gero zahlreiche Lehen empfangen hatte, die er nun zurückgeben sollte. Die Bestimmung über diesen für Heinrich so unerfreulichen Bischofswechsel wurde wohl auf Veranlassung Alexanders in den Friedensentwurf von Anagni aufgenommen. Da aber die betreffende Bestimmung in dem vom Kaiser genau durchgesehenen Vertrag von Venedig unverändert stehen blieb, kam hiermit doch klar zum Ausdruck, daß der Kaiser die Interessen des Herzogs nicht wahrgenommen, ja eine Schädigung jener Interessen gebilligt hat, ein charakteristisches Merkmal für den eingetretenen Gesinnungswechsel im Herzen des Kaisers[2]).

---

[1]) Siehe Stumpf 4181. 4287 und 4353 (4795a). Gueterbock, Der Friede von Montebello S. 118 ff.; vgl. NA. XXVII, 248 ff.: Graf Bernhard von Sachsen scheint hiernach schon im März 1176 in Italien gewesen zu sein.

[2]) F. Lucas (a. a. O. S. 19 f.) hat hierüber im großen und ganzen richtig gehandelt. Aber seine Behauptung, „daß der Kaiser sich hat

Durch die Rückkehr Ulrichs nach Halberstadt brachen in Sachsen 1177 und 1178 neue Wirren aus, die wir schon berührt haben[1]): Kämpfe zwischen Heinrich dem Löwen und Ulrich, der durch Bernhard von Anhalt, Otto von Meißen und namentlich durch Erzbischof Philipp von Köln unterstützt wurde. Der Kaiser, der noch jenseits der Alpen weilte, gebot Frieden: sein Eingreifen aus der Ferne gewährt uns aber keinen Aufschluß über seine Parteistellung; er hat damals den Streit nicht beendet, sondern nur vertagt.

Bald darauf, im Oktober 1178, kam Friedrich nach langer Abwesenheit wieder nach Deutschland. An seinem Hof zu Speier versammelten sich zahlreiche Fürsten: unter ihnen, wie Arnold von Lübeck berichtet, auch Herzog Heinrich der Löwe[2]). Die Schlichtung der Streitigkeiten zwischen dem Herzog und den sächsischen Fürsten war das erste wichtige Regierungsgeschäft, das den Kaiser in Anspruch nahm. Schon in Speier wurde der Prozeß der Fürsten gegen den Herzog anhängig gemacht[3]), und der Kaiser hielt nun nicht mehr wie früher schützend die Hand über seinen Günstling, er ließ dem Prozeß freien Lauf.

Nach der Hilfsverweigerung im Jahre 1176 hat demnach Friedrich Barbarossa, sobald er überhaupt konnte, sich dem Herzog unfreundlich erwiesen: die Einsetzung

---

weiter fortreißen lassen, als ihm selbst angenehm war", ist eine wenig glückliche Hypothese, wie so vieles, was Lucas vorher und nachher ausführt.

[1]) Siehe oben S. 43 ff.

[2]) Vgl. Giesebrecht a. a. O. V, 897. 903. VI, 560. 562. Die Annahme Giesebrechts (V, 897 Note), daß möglicherweise vor dem Speierer Aufenthalt ein Hoftag in Ulm stattgefunden habe, ist abzulehnen: siehe Waitz in FDG. X, 155 Note 1.

[3]) In der Verteilung der Gerichtstage folge ich der Meinung von Ficker (Forschungen zur Reichs- und Rechtsgeschichte Italiens I, 183. § 85 Note 3) und Waitz (in FDG. X, 156); anderer Ansicht sind Weiland, Cohn, Giesebrecht und Schaefer. Meine Auffassung begründe ich weiter unten im letzten Kapitel.

Ulrichs im Bistum von Halberstadt und die Einleitung des Prozesses sind sichere Anzeichen für die veränderte Haltung des Kaisers. Diese Veränderung der Haltung steht auch im Einklang mit dem Bilde, das die Quellen von dem Verlauf und der Bedeutung der Schlacht von Legnano geben. Aus allem gewinne ich so nur eine Bestätigung für die Nachricht, die schon an sich gut beglaubigt ist, daß durch die Verweigerung der Hilfe im Frühjahr 1176 ein Bruch zwischen Kaiser und Herzog stattgefunden hat.

Überblicken wir den Konflikt von den Anfängen in den sechziger Jahren bis zur Einleitung des Prozesses im Jahre 1178, so tritt uns die Hilfsverweigerung als Hauptereignis entgegen: sie bleibt, auch wenn man die persönliche Unterredung als Sage preisgibt, von schwerwiegender Bedeutung; denn sie bildete das entscheidende Moment, das die Freundschaft des Kaisers in Feindschaft verwandelte und so zur Katastrophe des Herzogs führte. Inwieweit die Hilfsverweigerung auch juristisch im Urteil des Prozesses eine Rolle spielte, wird noch zu untersuchen sein; jedenfalls aber hat erst sie in politischer Hinsicht den Boden für den Prozeß bereitet.

II.

Der Prozeß.

Kapitel 1.

Die Darstellung der Gelnhäuser Urkunde.

Will man durch das Wirrsal der über den Prozeß entstandenen Kontroversen sich Bahn brechen, dann gibt es, wie ich glaube, nur einen methodisch ratsamen Weg, der schon von den älteren Forschern eingeschlagen, aber in neueren Untersuchungen nicht zum Vorteil der Sache wieder verlassen worden ist: man muß den Ausgang von der urkundlichen Überlieferung nehmen und die Worte der sogenannten Gelnhäuser Urkunde zunächst aus sich selbst heraus zu erklären suchen[1]).

Die Echtheit des Dokuments steht außer Frage: die Bedenken, die Thudichum äußerte, hat Scheffer-Boichorst entkräftet[2]). Überdies existiert noch heute das Original, das augenblicklich im Staatsarchiv zu Düsseldorf aufbewahrt wird: es trägt noch die Goldbulle an der ursprünglichen

---

[1]) Schaefer (in HZ. LXXVI, 386) motiviert seinen abweichenden Standpunkt damit, daß er „im Interesse der Klarheit und Folgerichtigkeit der Untersuchung" von den Zeugnissen der Historiker und nicht von der Urkunde ausgehe; denselben Weg beschreitet dann Klein (a. a. O. S. 16 ff.).

[2]) Scheffer-Boichorst, Zur Geschichte des 12. und 13. Jahrhunderts S. 197 ff. (Vgl. DZG. III, 321 ff.).

Befestigung und läßt auch nicht den geringsten Zweifel an der Echtheit aufkommen[1]).

Um den Text der Urkunde zu erhalten, müssen wir freilich auf Kopien zurückgehen. Das Original befand sich schon im 14. Jahrhundert in halbzerstörtem Zustand, und heute ist von der Schrift des oberen Teils, der gerade für uns in Betracht kommt, fast nichts mehr vorhanden: nur von einzelnen Buchstaben, namentlich von den langgezogenen *s* und *ſ*, sind noch Spuren zu entdecken, die uns wenigstens eine gewisse Kontrolle gewähren[2]). Zum Glück hat man von dem wertvollen Dokument schon früh Kopien angefertigt: vor allem eine, die noch aus dem Beginn des 14. Jahrhunderts stammt, ist uns erhalten geblieben. So läßt sich der Text mit ziemlicher Sicherheit wiederherstellen; und von den zahlreichen Drucken kann besonders der letzte in den Monumenta Germaniae, den Weiland besorgt hat, — bis auf die Interpunktionen, auf die ich noch zu sprechen komme — als zuverlässig gelten[3]).

Was den Inhalt der Urkunde betrifft, so ist sie am 13. April 1180 auf dem Reichstag zu Gelnhausen ausgestellt. Sie handelt von der Teilung Sachsens und von der Be-

---

[1]) Das Original wurde von dem Düsseldorfer Staatsarchiv mir freundlicherweise zur Einsicht an das Berliner Geheime Staatsarchiv übersandt. Bis vor wenigen Jahren hatte das Dokument noch dauernd in Berlin gelegen, und in allen Veröffentlichungen ist daher Berlin als Aufbewahrungsort genannt. Die erst kürzlich erfolgte Überweisung zahlreicher Kaiserurkunden an Provinzialarchive hat mehr Schaden als Nutzen gestiftet und ist, so entgegenkommend auch die einzelnen Provinzialarchive sich verhalten mögen, vom wissenschaftlichen Standpunkt aus zu bedauern: es handelt sich hier um eine augenscheinliche Überspannung des Provenienzsystems.

[2]) Erschwert ist die Kontrolle dadurch, daß die Buchstaben von späterer Hand überzogen worden sind: ob die schwachen Tintenreste und Schriftspuren von der ursprünglichen oder der späteren Hand herrühren, ist oft schwer zu entscheiden.

[3]) MG. Const. I, 384sqq. (Nr. 279).

lehnung des Kölner Erzbischofs mit einer Hälfte des Herzogtums: um die Berechtigung zu dieser Verteilung Sachsens nachzuweisen, wird im Anfang des Dokuments der Prozeß gegen Heinrich den Löwen geschildert. Wir haben also in der Urkunde nicht nur eine zeitgenössische, sondern auch eine offizielle Darstellung des Prozesses in Händen.

Direkte Unwahrheiten kann diese Darstellung nicht enthalten. Aber die Auslegung des Wortlautes bereitet Schwierigkeiten, die zur Bemängelung einzelner Angaben geführt haben. So verstieg sich insbesondere WEILAND zu der Behauptung, daß die Urkunde „an mangelhafter Stilisierung und Chronologie leide"[1]), ein Vorwurf, der durch WAITZ zurückgewiesen worden ist[2]). Vorsichtiger klingt der Einwand FICKERS[3]): die Sprache der Urkunde zeichne sich nicht durch Einfachheit und Deutlichkeit aus, und es sei keine Erklärung zu finden, „gegen welche sich aus dem Wortlaut nicht Einwendungen erheben ließen". Inwieweit dieser Einwand berechtigt ist, wäre noch zu untersuchen. Jedenfalls ist aber die Schwierigkeit, die sich aus der schwerfälligen Sprache ergibt, unbestreitbar: der Verlauf des Prozesses wird in einem einzigen langen Satz mit mehreren eingeschachtelten Nebensätzen erzählt, und je nach der Interpunktion, je nach der verschiedenen Verbindung, in die man die Satzteile untereinander bringt, gelangt man auch zu abweichenden Erklärungen des Inhalts.

FICKER und WAITZ, die die gründlichen Untersuchungen WEILANDS über den Prozeß noch weiter vertieften, haben sich mit dem Wortlaut und Satzbau der Urkunde auf das eingehendste beschäftigt. Drei Erklärungsversuche sind zu

---

[1]) WEILAND in FDG. VII, 171 Note 1.

[2]) WAITZ in FDG. X, 159.

[3]) FICKER, Forschungen zur Reichs- und Rechtsgeschichte Italiens I, 176, § 81 Note 8.

unterscheiden: zwei von Ficker, einer von Waitz[1]). Ich bringe hier alle drei nebeneinander zur Anschauung, indem ich den Hauptsatz durch gesperrten Druck kenntlich mache und die zusammengehörigen Gedanken in Klammern schließe.

Ficker I.	Waitz.	Ficker II.
Proinde tam presentium quam futurorum imperii fidelium noverit universitas,		
qualiter Henricus quondam dux Bawarie et Westphalie, [eo (quod ecclesiarum dei et nobilium imperii libertatem possessiones eorum occupando et iura ipsorum imminuendo graviter oppresserit), (ex instanti principum querimonia et plurimorum nobilium quia citatione vocatus maiestati nostre presentari contempserit et pro hac contumacia principum et sue conditionis Suevorum proscriptionis nostre inciderit sententiam), deinde (quoniam in ecclesias dei et principum et nobilium iura et libertatem grassari non destiterit), tam pro illorum iniuria][quam pro	*qualiter Henricus quondam dux Bawarie et Westphalie, [eo (quod ecclesiarum dei et nobilium imperii libertatem possessiones eorum occupando et iura ipsorum imminuendo graviter oppresserit), ex instanti principum querimonia et plurimorum nobilium, — (quia citatione vocatus maiestati nostre presentari contempserit et pro hac contumacia »iudicio« principum et sue conditionis Suevorum proscriptionis nostre inciderit sententiam), deinde (quoniam in ecclesias dei et principum et nobilium iura et libertatem grassari non destiterit) —], tam pro illorum iniuria quam pro*	*qualiter Henricus quondam dux Bawarie et Westphalie, [eo (quod ecclesiarum dei et nobilium imperii libertatem possessiones eorum occupando et iura ipsorum imminuendo graviter oppresserit ex instanti principum querimonia et plurimorum nobilium), (quia citatione vocatus maiestati nostre presentari contempserit et pro hac contumacia principum et sue conditionis Suevorum proscriptionis nostre inciderit sententiam) deinde (quoniam in ecclesias dei et principum et nobilium iura et libertatem grassari non destiterit), tam pro illorum iniuria quam pro*

[1]) Ficker, Forschungen zur Reichs- und Rechtsgeschichte Italiens I, 176. § 81 Note 8; Waitz in FDG. X, 153 ff.; Ficker ebendort XI, 303 ff.

multiplici contemptu nobis exhibito ac precipue pro evidenti reatu maiestatis, (sub feodali iure legitimo trino edicto ad nostram citatus audientiam, eo quod se absentasset nec aliquem pro se misisset responsalem)], contumax iudicatus est,	*multiplici contemptu nobis exhibito ac precipue pro evidenti reatu maiestatis sub feodali iure legitimo(trino edicto ad nostram citatus audientiam), [eo (quod se absentasset nec aliquem pro se misisset responsalem), contumax] iudicatus est,*	*multiplici contemptu nobis exhibito ac precipue pro evidenti reatu maiestatis sub feodali iure legitimo trino edicto ad nostram citatus audientiam], eo (quod se absentasset nec aliquem pro se misisset responsalem), contumax iudicatus est,*

ac proinde tam ducatus Bawarie quam Westfalie et Angarie quam etiam universa que ab imperio tenuerit beneficia per unanimem principum sententiam in sollempni curia Wirciburc celebrata ei abiudicata sunt nostroque iuri addicta et potestati.

Beginnen wollen wir mit der Betrachtung von Fickers letztem Erklärungsversuch, den er in einem feinsinnigen Aufsatz ausführlich begründet hat. Er übersetzt hier *iudicatus* nicht mit „verurteilt", sondern mit „abgeurteilt", indem er damit aufs engste *contumax* verknüpft: *contumax iudicatus* = „als ungehorsam abgeurteilt"; das *contumax* wird durch den Nebensatz *eo quod se absentasset* ... erklärt. Das wichtigste aber ist, daß alsdann zu *ad nostram citatus audientiam* alles Vorausgehende von *eo quod ecclesiarum dei* ab gezogen wird: die Worte *tam pro illorum iniuria quam pro multiplici contemptu nobis exhibito ac precipue pro evidenti reatu maiestatis* wären hiernach nicht Gründe des Urteils, sondern Gründe der Ladung und würden somit stark an Bedeutung verlieren. Gegen diese Auslegung wendet Waitz in seiner kurzen Replik[1]) ein: *pro evidenti reatu* nur mit *citatus* zu verbinden, sei wegen *evidenti* unmöglich. Ficker[2]) übersetzt zwar den Ausdruck *evidens* mit „offenkundig", das nicht gleichbedeutend mit „er-

[1]) FDG. XI, 318 Note 1.

[2]) Ebendort S. 310 f.

wiesen" ist; daß aber der Herzog wegen eines „offenkundigen" Verbrechens geladen wurde, bleibt jedenfalls eine wunderliche Ausdrucksweise, die man der Urkunde nicht leicht zutrauen wird. Noch schwerwiegender erscheint mir ein anderer Einwand: FICKER muß konsequenterweise mit den Worten *tam pro illorum iniuria* . . . auch die dazu gehörigen drei Kausalsätze, die mit *eo quod*, *quia* und *deinde quoniam* beginnen, auf *citatus* beziehen, während der letzte Kausalsatz, der ebenfalls mit *eo quod* anfängt, zu *contumax iudicatus* gehört; dies ist, wie ich meine, eine Konstruktion, auf die man erst nach längerer Reflexion verfallen kann. Liest man den Abschnitt ohne Voreingenommenheit, dann lassen sich die Kausalsätze wie die Worte *tam pro illorum iniuria quam pro* . . . nur mit dem Hauptverbum *iudicatus est* in Verbindung bringen[1]).

So bleibt uns jetzt noch die Wahl zwischen der Auslegung von WAITZ und der ersten Auslegung FICKERS. Der Hauptunterschied besteht hier darin, daß die Worte *ex instanti principum querimonia* . . . von FICKER nur zu *quia citatione vocatus*, von WAITZ zu allem Folgenden und die Worte *eo quod se absentasset* . . . von FICKER zu dem vorausgehenden *reatu maiestatis*, von WAITZ zu dem sich anschließenden *contumax* gezogen werden. FICKER hat seine Auffassung kurz angedeutet, WAITZ hat die seinige eingehend dargelegt. Die WAITZsche Meinung fand am meisten Anklang: sie ist auch von WEILAND in die Edition der Monumenta Germaniae übernommen worden. Ja sogar FICKER selbst hat seine ursprüngliche Ansicht sogleich auf die Ausführungen von WAITZ hin geändert[2]). Trotz

---

[1]) Auf andere Gründe, die gegen FICKERS letzte Auffassung sprechen, gehe ich noch weiter unten ein.

[2]) In seinem zweiten Erklärungsversuch (FDG. XI, 309) stimmt FICKER in der Auslegung des *reatus maiestatis* ganz der Ansicht von WAITZ zu: „Der Ausdruck der Urkunde kann sich nur auf hochverräterische Handlungen beziehen." Ferner verbindet er wie WAITZ

alledem bin ich bei der Nachprüfung zu dem Ergebnis gelangt, daß Ficker gerade mit seiner ursprünglichen Ansicht das Richtige getroffen hat.

Waitz[1]) erblickt in den ersten drei Kausalsätzen *eo quod ... oppresserit, quia ... contempserit et ... inciderit sententiam* und *deinde quoniam ... non destiterit* „die historische Begründung des Urteils" und unterscheidet davon „die juristische Begründung", die durch die Worte *tam pro illorum iniuria ...* eingeleitet werde. Aber mit *illorum iniuria* wird auf die vorausgehenden Kausalsätze verwiesen: der Einschnitt ist besser h i n t e r *tam pro illorum iniuria* zu machen. An eine formale Unterscheidung zwischen einer historischen und einer juristischen Begründung kann ich nämlich nicht glauben, wohl aber an die sachliche Unterscheidung zwischen einer Beleidigung der Fürsten[2]) und einer Beleidigung des Kaisers. Dieser Gegensatz kommt klar zum Ausdruck in den Worten *tam pro i l l o r u m iniuria quam pro multiplici contemptu n o b i s exhibito.* Hierdurch wird der ganze Satz in zwei Hälften geteilt: das Vorausgehende bezieht sich auf die Beleidigung der Fürsten, das Folgende auf die des Kaisers.

In der ersten Hälfte wird der Ausdruck *illorum iniuria* durch die Kausalsätze *eo quod, quia* und *deinde quoniam* erklärt: das Unrecht gegen die Fürsten erhält so eine dreifache Begründung. Leicht verständlich sind davon die

---

das *eo quod se absentasset ...* mit *contumax*, und abweichend von Waitz das *ex instanti principum querimonia ...* mit dem vorausgehenden *oppresserit*, was letzteres mir kaum möglich erscheint (die entsprechende Übersetzung von Klein a. a. O. gibt keinen verständigen Sinn).

[1]) FDG. X, 158.

[2]) Der Kürze wegen gebrauche ich hier das Wort „Fürsten", obschon neben den *principes* auch die *nobiles* genannt werden. Über die wechselnde Bedeutung des Wortes *principes* siehe Ficker, Vom Reichsfürstenstand § 33 ff., und weiter unten meine Ausführungen in Exkurs I.

erste und die letzte Begründung, daß Heinrich geistliche und weltliche Fürsten und Adlige bedrängt, und daß er gegen sie zu wüten nicht aufgehört habe. Aber der an zweiter Stelle angegebene Grund *quia citatione vocatus maiestati nostre presentari contempserit* betrifft anscheinend nur ein Vergehen gegen den Kaiser, und auch der folgende Satz *et pro hac contumacia* . . .[1]) motiviert noch nicht genügend das Vergehen gegen die Fürsten. Aufklärung erhält man erst durch die vorausgehenden Worte *ex instanti principum querimonia et plurimorum nobilium*; erst wenn man diese Worte mit *quia citatione vocatus* verbindet, wird der Sinn verständlich: die Ladung erfolgte auf Klage der Fürsten, und insofern war die Nichtbefolgung der Ladung nicht nur eine Beleidigung des Kaisers, sondern auch eine der Fürsten. Die ungewöhnliche Wortstellung, die Heraushebung des Ausdrucks *ex instanti principum querimonia* . . ., ist gerade dadurch erfordert, daß hier nicht so sehr das Unrecht gegen den Kaiser wie das Unrecht gegen die Fürsten begründet werden soll: deshalb heißt es in der Urkunde nicht *quia ex* . . *querimonia* . . . *citatione vocatus*, sondern *ex* . . *querimonia* . . . *quia citatione vocatus*.

Waitz weiß für seine abweichende Auffassung nur vorzubringen, daß die Worte *ex instanti principum querimonia* . . . das Moment enthalten, „welches zwischen der Beleidigung der Fürsten und dem Nichterscheinen in der Mitte lag, was zugleich Grund alles Folgenden war und auch zu diesem mitgehörte und wohl deshalb nicht in einen Zwischensatz eingefügt ist". Aber die Worte können unmöglich „Grund a l l e s Folgenden" sein, wenigstens nicht der Grund für den Nebensatz *deinde quoniam* . . . *non destiterit*. Sie

[1]) Auf diesen schwer erklärbaren Satz komme ich noch ausführlich zu sprechen. Hier betone ich nur: auch die Lesart von Waitz *iudicio principum* kann das Unrecht gegen die Fürsten allein nicht genügend begründen, da doch erst der Ungehorsam gegen das Urteil ein Unrecht darstellt.

könnten, wenn nicht zu *citatione vocatus*, nur noch zum Hauptverbum *iudicatus est* gehören: nur dies kann WAITZ meinen, und dies hat *Weiland* wirklich in seiner Edition angenommen[1]); der Zusammenhang läßt sich aber alsdann nur mit Hilfe von Gedankenstrichen dem Leser verständlich machen, weil die langen Nebensätze *quia* und *deinde quoniam* als Einschub betrachtet werden müßten. Ich ziehe da die einfachere Erklärung FICKERS vor, die sich aus dem Sinn des ganzen Abschnitts, wie ich zu zeigen suchte, mit Notwendigkeit ergibt.

Ist hier FICKER[2]) im Recht, dann ist auch seine weitere Schlußfolgerung naheliegend, daß es sich „um eine der Fassung der Urkunde eigentümliche Wortstellung" handele, und daß auch an der anderen Stelle die Worte, die betont werden sollen, vorangesetzt sind: *sub feodali iure legitimo trino edicto ad nostram citatus audientiam eo quod se absentasset* statt der gewöhnlichen Anordnung *eo quod . . . . citatus . se absentasset*. Solche Wortumstellungen kommen im mittelalterlichen Latein häufig vor, und ich kann daher nicht WAITZ zustimmen, der in seiner Polemik gegen FICKER von einem zu gewaltsamen Verfahren spricht[3]).

Stellt sich denn der Erklärungsversuch von WAITZ irgendwie glaubwürdiger dar? WAITZ will den letzten Kausalsatz *eo quod* nur zu *contumax* ziehen, während er die drei vorausgehenden Kausalsätze *eo quod*, *quia* und *deinde quoniam* mit *iudicatus est* verbindet: „das ist gewiß ein zu gewaltsames, unberechtigtes Verfahren" — so kann man ihm hier mit seinen eigenen Worten entgegnen.

---

[1]) MG. Const. I Nr. 279. Früher hatte WEILAND (in FDG. VII, 175) eine Übersetzung gegeben, die mit FICKERS erster Auffassung in Einklang stand.

[2]) Forschungen zur Reichs- und Rechtsgeschichte Italiens § 81 Note 8.

[3]) FDG. X, 160.

Ferner trennt WAITZ das *sub feodali iure legitimo* und das *trino edicto ad nostram citatus audientiam* voneinander und bringt jedes für sich direkt mit *iudicatus est* in Verbindung[1]). Demgegenüber stelle ich zunächst fest, daß *legitimo* nicht mit *feodali iure*, sondern mit *trino edicto* zu verknüpfen ist, da *legitimo trino edicto* einen trefflichen Sinn gibt, während *iure legitimo* eine Tautologie wäre. Wenn WAITZ nun *feodali iure* zu dem Hauptverbum zieht, so ist dies allerdings nicht unmöglich, da das hier geschilderte Gerichtsverfahren ein rein lehnrechtliches war, wie ich noch bei Betrachtung der Rechtsfragen zeigen werde. Alsdann werden sich aber, wie ich schon im voraus bemerken muß, auch besondere Beziehungen zwischen der dreimaligen Ladung und dem Lehnrecht ergeben, so daß die Worte *feodali iure* und *legitimo trino edicto citatus*, wie schon FICKER vermutet hat, als e i n Gedanke aufzufassen sind und daher untereinander enger zusammenhängen als mit dem Verbum *iudicatus est.*

Bei den Worten *pro multiplici contemptu nobis exhibito ac precipue pro evidentt reatu maiestatis* betont WAITZ[2]), daß das *ac precipue* „in keinem Fall" nur eine weitere Hervorhebung desselben sein könne: „jene beiden Worte kündigen sehr bestimmt etwas Neues, Selbständiges, eben die Hauptsache an." Ich übersetze *ac precipue* „und zwar insbesondere" und glaube, daß so nach dem Allgemeinen das Spezielle angeführt wird. Selbst wenn man aber hier der Übersetzung von WAITZ zustimmen würde, dann wäre für seine These noch nicht das geringste gewonnen. Er will nämlich beweisen, daß unter *reatu maiestatis* nicht das Versäumen der Ladungen, nicht das *eo quod se absentasset* . . . zu verstehen sei; nach dieser Richtung dürfte er jedoch aus dem *ac precipue* gar keinen Schluß ziehen, da er für das

---

[1]) Ebendort S. 158.

[2]) S. 160.

vorausgehende *multiplici contemptu* keine sichere Auslegung findet[1]). Übersetzt man nun gar, wie ich es tue, *ac precipue* „und zwar insbesondere", dann könnte unter *multiplici contemptu* sehr gut der *reatus maiestatis* und das *eo quod se absentasset* mit einbegriffen sein.

Erscheint hier die Beweisführung von Waitz mißlungen, so ist damit freilich noch nicht die Ansicht von Ficker als richtig erwiesen. Ob wirklich in der Urkunde, wie Ficker annimmt, der Ausdruck *reatu maiestatis* durch die sich anschließenden Worte .... *citatus . eo quod se absentasset* ... erklärt wird, darüber läßt sich erst nach Betrachtung des Sprachgebrauchs ein Urteil fällen.

Daß nach dem damals herrschenden Sprachgebrauch *reatus maiestatis* Verrat gegen Kaiser und Reich, d. i. Hochverrat, bedeuten konnte, das ist ohne weiteres zuzugeben. Aber andererseits hat Ficker schlagend dargetan, daß in zahllosen Fällen der *reatus maiestatis* schon in dem Ungehorsam gegen kaiserliche Befehle bestand[2]). In der Pönformel der Urkunden kommt der Ausdruck *reus maiestatis* häufig vor: es handelt sich meist um Strafandrohungen für Gesetzesübertretungen, die an sich garnichts mit Majestätsverbrechen zu tun haben, wie Bedrückungen von Kirchen und ähnliches; trotz so geringfügiger Anlässe soll der Gesetzesübertreter als *reus maiestatis* behandelt werden. Daß dieser *reatus maiestatis* allein in dem Ungehorsam gegen die kaiserlichen Befehle begründet lag, das zeigt sich besonders deutlich in den Worten einer Urkunde Konrads III. vom März 1147: ... *beneficiis suis expolietur, et si obstinatus*

---

[1]) Waitz S. 160 und 164: er stellt hier frei, ob unter *multiplici contemptu* das Versäumen der Ladung oder die Hilfsverweigerung zu verstehen sei; nimmt man letzteres an, so fällt die Schlußfolgerung von Waitz in sich zusammen.

[2]) Ficker, Forschungen zur Reichs- und Rechtsgeschichte Italiens I, 82 ff. § 37 und 38.

fuerit, etiam maiestatis reus habeatur[1]). Auf den Begriff des *reatus maiestatis* gehe ich später noch genauer ein. Hier genügt mir die Feststellung, daß der *reatus* ebensogut in Ungehorsam wie in schwerem Verrat bestehen konnte.

Betrachten wir hiernach nochmals unsere Urkunde: das *iniuria illorum*, die Beleidigung der Fürsten, wird durch drei Kausalsätze ausführlich erklärt; und da sollte das Majestätsverbrechen, der *reatus maiestatis*, der nach dem Sprachgebrauch verschieden auslegbar war, keine Erläuterung erhalten haben? Dies kann ich nicht glauben. Die Worte *pro evidenti reatu maiestatis* verlangen ja geradezu nach einem erklärenden Zusatz.

Man wende nicht ein, daß mit den Worten auf ein bestimmtes, damals bekanntes Ereignis hingewiesen wird. Zwar ist unleugbar, daß Heinrich des Verrats beschuldigt wurde; aber nicht minder sicher ist, daß er auch des andauernden Ungehorsams angeklagt worden ist[2]). In der Urkunde, die für ewige Zeiten ausgestellt war, kam alles darauf an, jeglichen Einwand, der einmal gegen die Verteilung Sachsens erhoben werden konnte, aus dem Weg zu räumen und daher die Gründe von Heinrichs Verurteilung unanfechtbar klarzulegen. Daß unter diesen Umständen nur die Beleidigung der Fürsten, nicht aber das Majestätsverbrechen näher erläutert worden sei, das darf wohl als ausgeschlossen gelten.

---

[1]) Stumpf 3537, Monumenta Boica XXIX, 298; Ficker a. a. O. § 37 Note 7. Siehe auch die bei Ficker § 38 angeführten Beispiele, in denen vom Versäumen der Ladungen die Rede ist: allerdings fehlt dort das Wort *reus maiestatis*, aber dafür findet sich meist ein entsprechender Ausdruck, der dasselbe bedeutet, wie z. B. *reamque se divino iudicio existere, imperatorie regieque maiestatis offensam graviter incurisse cognoscat* (Stumpf 3743. Wirtembergisches Urkundenbuch II, 101).

[2]) Hierüber siehe das nächste Kapitel, wo die Berichte der Annalisten besprochen werden.

Von zwingender Logik erscheint mir ferner folgender Gedankengang: wenn *reatus maiestatis* sowohl andauernden Ungehorsam wie Hochverrat bedeuten konnte, und wenn in unserer Urkunde zuerst von *reatus maiestatis* und darauf von Ungehorsam (*eo quod se absentasset* . . .) die Rede ist, so muß in dem *reatus* eben der Ungehorsam erblickt werden; denn es wäre doch geradezu widersinnig, zuerst von einem *reatus*, der nicht der Ungehorsam war, zu sprechen und darauf von dem Ungehorsam, obschon dieser nach dem Sprachgebrauch auch als *reatus maiestatis* hätte bezeichnet werden können.

Der Ausdruck *evidens* in den Worten *pro evidenti reatu maiestatis* wird überdies erst verständlich, wenn man ihn auf die Beschuldigung des Ungehorsams bezieht. Waitz meint freilich, daß auch die Anklage des Hochverrats als erwiesen gelten konnte, weil Markgraf Dietrich von der Lausitz sich zum Zweikampf erbot und Heinrich der Löwe sich nicht stellte. Ob aber wirklich, wie Lambert von Otto von Nordheim berichtet, der Angeklagte durch das Ausschlagen des Zweikampfes schon unbedingt *pro convicto confessoque* galt, das ist nach Fickers Ansicht sehr zweifelhaft[1]). Selbst wenn man aber so im Prozeß Heinrichs des Löwen die Beschuldigung des Hochverrats als formal erwiesen betrachtet hätte, dann wäre doch diese Beschuldigung, die sachlich am schwächsten begründet war[2]), schwerlich gerade als einziger Anklagepunkt mit *evidens* bezeichnet worden. Dagegen mußte allerdings das Delikt des Ungehorsams durch das dreimalige Ausbleiben vor Gericht auf jeden Fall als *evidens* gelten.

Kann es nach alledem keinem Zweifel mehr unterliegen, daß mit den Worten *pro evidenti reatu maiestatis* der gericht-

[1]) Ficker, Forschungen zur Reichs- und Rechtsgeschichte Italiens § 81 Note 7 und in FDG. XI, 310.

[2]) Siehe Waitz (S. 164) und ebenso Schaeffer (in H. Z. LXXVI, 402), der sich hier Waitz anschließt.

liche Ungehorsam bezeichnet wurde[1]), so paßt hierzu vortrefflich auch der vorausgehende allgemeinere Ausdruck *pro multiplici contemptu nobis exhibito*, der den durch *ac precipue* verbundenen engeren Begriff *reatu maiestatis* mit umfaßte; denn der gerichtliche Ungehorsam war ja in der Tat eine besonders strafbare Art der dem Kaiser erwiesenen Mißachtung. Was alsdann unter *multiplici contemptu* außerdem noch zu verstehen ist, ist leicht zu erraten: außer dem gerichtlichen Ungehorsam offenbar noch eine andere Unbotmäßigkeit,die aller Wahrscheinlichkeit nach die Verweigerung der Heeresfolge gewesen sein dürfte. Diese Auslegung der Worte hat schon Waitz bei seiner sonst abweichenden Erklärung als mutmaßlich hingestellt, indem er annimmt, daß nicht die Verweigerung als solche, sondern „die Verweigerung der Hilfe in einer für den Kaiser demütigenden Weise" gemeint sei[2]) — eine Auffassung, der ich mich anschließen kann.

Bei dem gerichtlichen Ungehorsam, dem *reatus maiestatis*, der durch den folgenden Satz *eo quod se absentasset* . . . erklärt wird, ist besonders betont, daß der Ungehorsam ein hartnäckiger war, daß eine gesetzmäßige dreimalige Ladung vorausging: aus diesem Grunde sind die Worte *sub feodali iure legitimo trino edicto ad nostram citatus audientiam* aus dem Satz *eo quod se absentasset* herausgehoben.

Der Satz *eo quod se absentasset nec aliquem pro se misisset responsalem* wird dann nochmals in dem sich anschließenden Wort *contumax* aufgenommen. Zu beachten ist hierbei die Doppelbedeutung, die in dem gerichtlichen Ungehorsam lag: der Angeklagte wurde als einer, der vor Gericht nicht erschienen war, wegen eines Vergehens abgeurteilt, und zugleich galt sein mehrfaches Nichterscheinen,

[1]) Hiermit ist nicht nur die Auffassung von Waitz, sondern auch der zweite Erklärungsversuch Fickers (siehe oben) als unhaltbar dargetan.

[2]) Waitz a. a. O. S. 164.

sein beharrlicher Ungehorsam, als ein neues Vergehen, auf das hin die Verurteilung mitbegründet wurde. In der Urkunde ist nun *contumax* nicht etwa im Sinne von *reus maiestatis* aufzufassen, da ja die Worte *pro illorum iuiuria* vorausgehen; . . . *contumax iudicatus est* ist vielmehr zu übersetzen: er wurde als einer, der nicht erschienen war, abgeurteilt, und zwar wegen Beleidigung der Fürsten sowie wegen Majestätsverbrechens, das hier wiederum in dem Nichterscheinen erblickt wurde. Zwischen *pro reatu maiestatis* und *contumax* ist so der doppelsinnige Nebensatz *eo quod se absentasset* . . . eingeschoben, der die Brücke zwischen beiden Ausdrücken schlägt und ebensogut zu dem Vorausgehenden wie zu dem Folgenden beziehbar ist.

Diese Doppelbedeutung des gerichtlichen Nichterscheinens, die im mittelalterlichen Rechtsleben ganz gebräuchlich war, ist von den meisten neueren Forschern übersehen worden und bildet den tieferliegenden Grund, daß die Worte der Urkunde irrig ausgelegt wurden. Die Ansicht, die Cohn und Waitz vertreten, daß das Ausbleiben von den Gerichtstagen „nicht der Grund der Verurteilung überhaupt, sondern nur der Verurteilung *in contumaciam*" gewesen sein könne[1]), beruht auf einer Unkenntnis des mittelalterlichen Rechtswesens: es gab nach Landrecht wie nach Lehnrecht ein Ungehorsamsdelikt[2]). Mochte auch

---

[1]) Cohn in GGA. Jahrg. 1863, S. 469; Waitz in FDG. X, 165.

[2]) Vgl. H. Brunner, Deutsche Rechtsgeschichte II, 461 ff.; R. Schroeder, Lehrbuch der deutschen Rechtsgeschichte (5. Aufl. 1907), S. 383 ff. Bezüglich des Lehnrechts siehe C. G. Homeyer, Sachsenspiegel IIb, S. 506 und 591: System des Lehnrechts § 53, 3 und § 76, 4 („Diese Verteilung des Lehns wegen dreimaligen Ausbleibens tritt nach dem allgemeinen Ausdruck der Stellen ohne Rücksicht auf den Gegenstand der Beschuldigung ein, also auch wenn die Klage nicht auf Entziehung des Gutes ginge . . ."); ferner Ficker in FDG. XI, 308. Ein gutes Beispiel bietet das erste Friedensgesetz Friedrichs I. (MG. Const. I, 196 Nr. 140, § 6): *Si clericus de pace violata pulsatus fuerit aut pacis violatorem in contubernio suo habuerit . . ., comiti . . . viginti*

ein geringes Vergehen der ursprüngliche Anlaß zu einem Prozeß sein, so konnte doch im Verlaufe des Prozesses der beharrliche Ungehorsam des Angeklagten ein neues Vergehen bilden, das die Verhängung der härtesten Strafe rechtfertigte. Das Ungehorsamsdelikt spielte so in dem damaligen Rechtsleben eine große Rolle: das Versäumen der Ladungen galt als ein Vergehen, das vor allem auch ganz evident war, als eine Mißachtung des obersten Richters, in dessen Namen die Ladungen ergingen, d. i. als *reatus maiestatis*.

Von welcher Seite ich auch die Urkunde betrachte, immer gelange ich zu dem Ergebnis, daß FICKERS ursprüngliche Auffassung, obgleich er sie bald wieder aufgegeben hat, die richtige ist. Bei gründlichster Prüfung kann ich nicht einmal die Einschränkung zugeben, die FICKER von Anfang an gemacht hat, daß sich gegen die Auslegung Einwendungen aus dem Wortlaut erheben lassen. Im Gegenteil finde ich, daß bei dieser Auslegung auch der lange Satzbau der Urkunde verhältnismäßig klar und einfach ist: zu dem Verbum *iudicatus est* gehören die Worte *tam pro illorum iniuria quam pro multiplici contemptu nobis exhibito ac precipue pro evidenti reatu maiestatis*; das *pro illorum iniuria* wird durch die vorausgehenden drei Kausalsätze, die historisch geordnet sind, das *pro evidenti reatu maiestatis* durch den folgenden Kausalsatz erklärt. Eigentümlich ist dabei nur die Wortstellung, daß in den Kausalsätzen mehrere Worte, auf denen der Nachdruck liegt, vor die Konjunktion gesetzt sind: diese Umstellung, die zunächst etwas auffällig wirkt, erleichtert uns, wenn wir näher zusehen, gerade das Verständnis des Inhalts.

---

libras persolvat et de tanto excessu secundum statuta canonum episcopo satisfaciat. Si autem idem clericus i n o b e d i e n s *exstiterit, non solum officio et beneficio ecclesiastico privetur, verum etiam tanquam proscriptus habeatur.* Vgl. auch oben S. 63 Note 1 und FRANKLIN, Reichshofgericht II, 235 ff.

Eine wirkliche Schwierigkeit in der Auslegung des Wortlauts besteht nur an einer einzigen Stelle, die ich bisher absichtlich beiseite gelassen habe und jetzt nachträglich noch untersuchen will: *et pro hac contumacia principum et sue conditionis Suevorum proscriptionis nostre inciderit sententiam.*

Um die Auslegung dieser Stelle haben sich vor allem Waitz und Scheffer-Boichorst bemüht[1]). Scheffer-Boichorst sucht die nächstliegende, schon von Cohn und Weiland vertretene Ansicht[2]) zu begründen, daß das *principum et sue conditionis Suevorum* zu *contumacia* zu ziehen sei; aber so scharfsinnig auch seine Begründung ist, ich kann ihr nicht zustimmen. Obgleich der Genetivus obiectivus im klassischen wie mittelalterlichen Latein häufig gebraucht wird, bleiben mir bei *contumacia principum* grammatikalische Bedenken, da das Wort *contumacia* sich nicht so leicht wie etwa *iniuria* oder *sententia* mit einem Objekt verbinden läßt[3]). Selbst wenn man aber hier die Möglichkeit des Genetivus obiectivus zugibt, erscheinen noch schwerwiegende sachliche Einwände. Scheffer-Boichorst glaubt zwar, „daß die Ladungen auf Grund eines Fürstenspruches erfolgten"; aber das ist wenigstens in unserer Urkunde mit keinem Wort angedeutet; vielmehr ist hier nur von der Klage der Fürsten die Rede: aus der Klage wird man jedoch, wenn der Beklagte sich nicht stellte, höchstens ein Unrecht, nie einen Ungehorsam gegen die Kläger ableiten dürfen. Liest man unbefangen die Worte

---

[1]) Waitz in FDG. X, 154 f. Scheffer-Boichorst, Zur Geschichte des XII. und XIII. Jahrhunderts S. 201 f. (DZG. III, 324 f.).

[2]) Cohn in GGA. Jahrg. 1863 S. 468 f. und 1868 S. 1766; Weiland in FDG. VII, 175 (siehe auch in MG. Const. I Nr. 279).

[3]) Nach dem Thesaurus Linguae Latinae IV, 797 ist *contumacia* nur zweimal mit Genetivus obiectivus nachweisbar: *ob hanc divini contumaciam* (Apul. apol. 56) und *contumacia iuris et sanguinis contumelia concurrant* (Papin. dig. $48_{,6}$; $39_{,1}$).

ex instanti principum querimonia et plurimorum nobilium quia citatione vocatus maiestati nostre presentari contempserit et pro hac contumacia . '. . . ., so kann man *contumacia* nicht auf die Fürsten beziehen, sondern nur auf den Kaiser, dem sich der Angeklagte nicht stellte (*presentari contempserit*). Im übrigen führt auch der ganze Zusammenhang mit Notwendigkeit zu der Annahme, daß nicht so sehr die Ladung wie vor allem das Achturteil selbst durch einen Fürstenspruch erfolgt sei. Zwischen dem Satz, daß (*quia* . . . .) auf die Klage der Fürsten sich der Beklagte vor Gericht nicht stellte, und dem späteren Satz, daß (*deinde quoniam* . . . .) der Beklagte sich weiter gegen die Fürsten verging, ist das natürliche Bindeglied, daß er durch einen Fürstenspruch geächtet wurde, um so mehr als im Verlauf unserer Darstellung noch betont wird, daß das Endurteil zu Würzburg durch einen Fürstenspruch (*per unanimem principum sententiam*) erfolgte, und daß die Neubelehnung des Kölner Erzbischofs ebenfalls stattfand durch einen Beschluß der Fürsten (*requisita a principibus sententia, an id fieri liceret, adiudicata et communi principum et totius curie assensu approbata*). Wird dort die Mitwirkung der Fürsten im Urteil hervorgehoben, um wie vielmehr mußte dies vorher bei Erwähnung des Achturteils geschehen, bei dem nicht der Kaiser, sondern die Fürsten im Vordergrund standen.

Aus allen diesen Gründen glaube ich im Gegensatz zu Cohn, Weiland und Scheffer-Boichorst, daß *principum* . . . nicht mit dem vorausgehenden *contumacia* zu verknüpfen sei.

Will man an den überlieferten Worten festhalten, dann muß man, wie dies schon Waitz bemerkt hat, *principum* zu dem folgenden *sententiam* ziehen und übersetzen: „verfiel dem Urteil der Fürsten auf unsere Acht". Aber Waitz nimmt an der „Härte des Ausdrucks" Anstoß und vermutet daher, daß ein Wort wie *iudicio* ausgefallen sei[1]). „Etwas derartiges ist ja auch in Originalurkunden keineswegs ohne Beispiel.“ Indem man dies zugibt, könnte man statt *iudicio* auch das häufig wiederkehrende *sententia* einsetzen und lesen: *et pro hac contumacia «sententia» principum et sue conditionis Suevorum proscriptionis nostre inciderit sententiam.* Ob man nun *iudicio* oder *sententia* konjiziert, dem Sinn nach würde jedenfalls eine Tautologie entstehen[2]). Erscheint es alsdann nicht doch einfacher, *principum* direkt mit dem letzten *sententiam* zu verbinden und so von der immerhin bedenklichen Annahme abzugehen, „daß in einer so wichtigen Urkunde ein maßgebendes Wort ausgelassen sei“[3]) ?

Die Ausdrücke *principum sententia* und *sententia proscriptionis* kommen einzeln für sich in der Urkundensprache des Mittelalters nicht selten vor[4]), und es ist auch nicht einmal unwahrscheinlich, daß man von einem Wort wie *sententia* einen doppelten Genetiv abhängen ließ[5]). Die Verbindung von Genetivus subjectivus und Genetivus objectivus mit ein und demselben Wort ist ja im klassischen Latein

---

[1]) Das Wort steht nicht in der Urkunde, wie man noch heute im Original aus den wenigen erkennbaren Schriftzeichen durch Schätzung des Zwischenraums feststellen kann. Vgl. Heigel (Das Herzogtum Bayern S. 53 f. Note 7), der *consilio* oder *consensu* ergänzte, und Scheffer-Boichorst (in Literarisches Zentralblatt, Jahrg. 1868 Sp. 740), der trotz einiger Bedenken damals noch Heigel zuzustimmen schien. Aber Waitz (a. a. O. S. 155 Note 2) macht mit vollem Recht geltend, daß es sich hier nicht um Zustimmung handele, sondern „um das Urteil“.

[2]) *sententia* muß hier mit *iudicio* gleichbedeutend sein: Waitz übersetzt *sententia* mit „Urteil“ (siehe oben).

[3]) Diese Worte gebraucht Scheffer-Boichorst (Zur Geschichte des 12. und 13. Jahrhunderts, S. 202/3), der aber weiterhin zu einem mir nicht richtig erscheinenden Ausweg geführt wird.

[4]) Der Ausdruck *principum sententia* findet sich ja nochmals in unserer Urkunde, der Ausdruck *proscriptionis sententia* z. B. im Landfrieden König Heinrichs von 1234 und in dem Mainzer Landfrieden Friedrichs II. von 1235 (MG. Const. II, Nr. 319 § 8 und Nr. 196 § 22).

[5]) Es gibt auch ein Verbum *sententiare*.

bei Cicero, Caesar, Cornelius Nepos u. a. häufig nachzuweisen[1]): so z. B. bei Caesar, De bello Gallico I, 30, 2 *Helvetiorum iniuriis populi Romani*, Nepos XVIII, 10, 2 *nonnullorum virtutis obtrectatio*, Cicero, De officiis I cap. 14 § 43 *L. Sullae et G. Caesaris pecuniarum translatio etc.*[2]). In den beiden letzten Beispielen ist auch die Wortstellung ähnlich wie in unserer Urkunde (*principum . . . . proscriptionis nostre . sententiam*), nur daß hier noch das Verbum dazwischen geschoben ist (*inciderit sententiam*). Allerdings wird dadurch der Satzbau schwerfällig, die Wortfolge gekünstelt. Aber in der Urkunde herrscht ja auch sonst ein etwas verschnörkelter Stil: meist sind die Verben mitten in den Satz gesteckt und die betonten Worte vorangestellt; und der Ton liegt in diesem Fall auf *principum et sue conditionis Suevorum.* Bringt man dazu in Erwägung, daß damals die Fürsten als oberste Richter allgemein bekannt, daß ihre Urteilssprüche eine ganz landläufige Vorstellung waren, daß sogar in unserer Urkunde noch mehrfach von der *sententia* der Fürsten die Rede ist, dann wird man an der Härte des Ausdrucks nicht mehr so großen Anstoß nehmen, sondern die Verbindung *principum . . . . proscriptionis nostre . sententiam* von allen möglichen Lösungen für die bei weitem annehmbarste halten.

Die Worte *principum et sue conditionis Suevorum* übersetzt Weiland „der Fürsten, selbst der seiner Herkunft, der schwäbischen", dagegen Waitz „der Fürsten und der Schwaben seines Standes"[3]). Da *conditio* gewöhnlich „Stand"

---

[1]) Ich führe Cicero, Caesar und Nepos an, weil diese im Mittelalter viel gelesen wurden.

[2]) Zahlreiche Beispiele bei A. Draeger, Historische Syntax der lateinischen Sprache § 205 (auszuscheiden sind hier freilich die Beispiele, bei denen zwei Genetive nicht vom Substantiv, sondern voneinander abhängig sind).

[3]) Weiland in FDG. VII, 175; Waitz ebendort X, 154. Vgl. Cohn in GGA. Jahrg. 1863 S. 469; Scheffer-Boichorst, Zur Ge-

bedeutet, so ist wohl die Übersetzung von WAITZ vorzuziehen, obschon mir auch die Übersetzung WEILANDS nicht unmöglich erscheint. Nicht zutreffend ist aber jedenfalls die weitere Schlußfolgerung von WAITZ, daß neben den Fürsten auch freie Männer als Urteiler am Gericht teilgenommen hätten. Die Worte selbst geben hierfür keinen sicheren Anhalt; und dagegen spricht, daß in unserer Urkunde noch zweimal von einem Spruch der Fürsten die Rede ist; dagegen spricht ferner der Rechtsbrauch, der sich aus anderen Parallelfällen feststellen läßt: Fürsten konnten damals nur durch fürstliche Standesgenossen gerichtet werden[1]).

Der Sinn der Worte ist jetzt wohl klargelegt und ist dahin zusammenzufassen: auf die Klage der Fürsten wurde Herzog Heinrich vorgeladen, er verschmähte es aber, sich dem Kaiser zu stellen, und wegen dieses seines Nichterscheinens taten ihn die Fürsten, unter denen sich auch Schwaben befanden, in die kaiserliche Acht. Da weiter berichtet wird, daß Heinrich noch nach der Acht gegen die Fürsten vorging, so stellt der Satz, der von dem Achtspruch der Fürsten handelt, den Übergang zu dem Folgenden her und schließt so die Gedankenkette, in der die mehrfache Beleidigung der Fürsten zugleich historisch und logisch dargetan wird.

Das Resultat, zu dem wir bei Betrachtung der schwer auslegbaren Urkundenstelle gelangt sind, ist seltsam genug. Wiederum erscheint die Auffassung am glaubwürdigsten, die, von ihrem eigenen Urheber preisgegeben, am wenigsten Beachtung gefunden hat: wie FICKER in seiner ersten Konstruktion des ganzen Satzes, so hat WAITZ mit der zuerst erwähnten Verbindung *principum . . sententiam* anscheinend das Richtige berührt, aber nicht festgehalten.

---

schichte des 12. und 13. Jahrhunderts S. 201, der „schwäbische Stammesgenossen" im Sinne WEILANDS übersetzt.

[1]) Siehe hierzu Exkurs I.

Zum Schluß will ich versuchen, die schwerfällige Konstruktion des ganzen hier in Betracht kommenden Satzes so sinngetreu als möglich in das Deutsche zu übertragen[1]).

„Allen gegenwärtigen wie zukünftigen Getreuen des Reiches tun wir kund und zu wissen:

da Heinrich, ehemals Herzog von Bayern und Westfalen, die Freiheit der Gotteskirchen und des Reichsadels schwer bedrückt hat durch Besetzung ihrer Güter und durch Schmälerung ihrer Rechte,

da er, auf dringende Klage der Fürsten und zahlreicher Adligen vorgeladen, sich unserer Majestät zu stellen verschmäht hat und wegen dieses Nichterscheinens dem auf unsere Acht lautenden Spruch der Fürsten wie der Schwaben seines Standes verfallen ist,

da er auch fernerhin gegen die Kirchen Gottes und gegen Rechte und Freiheit der Fürsten und Adligen zu wüten nicht aufgehört hat,

so ist er sowohl wegen der Beleidigung jener als auch wegen der uns erwiesenen vielfachen Nichtachtung und zwar insbesondere wegen des offenkundigen Majestätsverbrechens,

da er, nach Lehnrecht durch gesetzmäßige dreimalige Ladung vor uns beschieden, sich nicht gestellt und keinen Bevollmächtigten gesandt hat,

als Nichterschienener abgeurteilt worden; und so sind durch einmütigen Fürstenspruch auf dem feierlichen Tage zu Würzburg die Herzogtümer Bayern und Westfalen-Engern wie auch alle Reichslehen ihm aberkannt und unserem Verfügungsrecht und Machtbereich zugesprochen worden.“

---

[1]) Übersetzungen, bei denen der eine Satz in mehrere Sätze aufgelöst wird, geben u. a. Cohn (in GGA. Jahrg. 1863 S. 468 f.), Weiland (in FDG. VII, 175), Giesebrecht (Geschichte der deutschen Kaiserzeit V, 919) und Klein (a. a. O. S. 21 f.).

Diese Worte der Gelnhäuser Urkunde sind das Hauptzeugnis, das wir über den Prozeß Heinrichs des Löwen besitzen. Erst wenn man die Bedeutung dieser Worte klar erfaßt hat, darf man die Berichte der zeitgenössischen Schriftsteller zur Ergänzung, darf man andere mittelalterliche Prozesse zum Vergleich heranziehen, um so die Gründe der Verurteilung und den Gang des Gerichtsverfahrens kennen und würdigen zu lernen.

Kapitel 2.

Der Gegenstand der Klage.

Wer die Kläger waren, welche die Anklage gegen Heinrich den Löwen erhoben, ist leicht festzustellen: in verschiedenen Quellen werden Erzbischof Philipp von Köln und die sächsischen Fürsten genannt[1]). Zu Beginn des Jahres 1178 hatte Erzbischof Philipp mit Bischof Ulrich von Halberstadt ein Schutz- und Trutzbündnis gegen Heinrich geschlossen[2]); und an den Kämpfen, die damals ausbrachen, beteiligten sich auch eine Reihe weltlicher Großen, wie Markgraf Otto von Meißen und Graf Bernhard von Anhalt[3]). Unter diesen sächsischen Großen ist sodann während des Prozesses Markgraf Dietrich von der Lausitz als Kläger noch besonders hervorgetreten[4]).

Inhalt der Klage waren nach dem Bericht der Gelnhäuser Urkunde zunächst nur die Gewalttaten Heinrichs: *quod ecclesiarum dei et nobilium imperii libertatem, possessiones eorum occupando et iura ipsorum imminuendo, graviter oppresserit.* Mit den Worten *possessiones eorum occupando* ist wohl unter anderem darauf angespielt, daß Heinrich Besitzungen der Grafen von Oldenburg und von Assel, die Verwandte Philipps von Köln waren, an sich gerissen hatte[5]),

---

1) Vgl. hierzu KLEIN a. a. O. S. 10 f.

2) Die Urkunde bei PRUTZ, Heinrich der Löwe S. 485 f.

3) Siehe oben S. 43 ff.

4) Siehe weiter unten S. 89 ff.

5) Vgl. GIESEBRECHT, Geschichte der deutschen Kaiserzeit V, 901; VI, 561.

daß er Lehen der Halberstädter Kirche, die ihm Bischof Gero, der Vorgänger Ulrichs, übertragen, nicht wieder herausgeben wollte. Dazu kamen die Klagen über zahlreiche Gewalttätigkeiten, die Heinrich und seine Anhänger in dem mit Erbitterung geführten Kriege begangen hatten und sogar noch während des Prozesses im Sommer 1179 begingen[1]): *deinde quoniam in ecclesias dei et principum et nobilium iura et libertatem grassari non destiterit.*

Während so das Vergehen gegen die Fürsten, dessen Heinrich angeklagt war, nicht strittig sein kann, hat andererseits das Vergehen gegen den Kaiser, dessen er ebenfalls beschuldigt wurde, die verschiedensten Auslegungen gefunden und bedarf noch einer eingehenden Untersuchung.

Als das wesentlichste Majestätsverbrechen[2]) betrachtet Weiland[3]) die Hilfsverweigerung vor der Schlacht von Legnano. Demgegenüber zeigt Waitz[4]), daß diese Hilfsverweigerung keinesfalls als Hauptgrund der Verurteilung gelten könne, und hebt als solchen den Hochverrat im engeren Sinn hervor: die verräterische Verbindung mit inneren und äußeren Reichsfeinden. Ficker[5]) betont dann wohl seinerseits mehr den gerichtlichen Ungehorsam, hält jedoch daneben auch mit Waitz an einer Verurteilung

---

[1]) Giesebrecht, ebendort V, 912 f.; VI, 566.

[2]) Mit dem Ausdruck „Majestätsverbrechen", den unser heutiges Strafgesetzbuch nicht kennt, übersetze ich das Wort *reatus maiestatis*, das vielerlei umfaßte: den „Hochverrat" und den gerichtlichen Ungehorsam wie überhaupt jede Unbotmäßigkeit gegenüber kaiserlichen Befehlen. Unter „Hochverrat" (*crimen lese maiestatis*) verstehe ich nicht nur den Hochverrat im heutigen Sinn, sondern auch den Landesverrat, die beide im Mittelalter nicht von einander getrennt wurden: obschon die mittelalterlichen Begriffe unseren modernen nicht genau entsprechen, sehe ich doch von der Prägung eines neuen Ausdrucks ab, da ein solcher (wie etwa „Reichsverrat" oder „Majestätsverrat") noch leichter zu Mißverständnissen Anlaß geben könnte.

[3]) FDG. VII, 169 f.

[4]) FDG. X, 160 ff. und 164 f. Ebenso Schaefer in HZ. LXXVI, 402.

[5]) FDG. XI, 309 ff.

wegen Hochverrats fest, indem er, freilich abweichend von Waitz, der nur ein Achtverfahren kennt, noch ein besonderes Oberachtverfahren[1]) konstruiert, in welchem der Hochverrat als alleiniger Gegenstand der Klage gegolten habe, eine geistvolle und bestechende Hypothese, die von allen späteren Forschern, von Schaefer, Klein und Lucas, einstimmig übernommen worden ist[2]).

Ich gehe zunächst an eine Prüfung der Fickerschen Auffassung.

Ficker hat zweifellos recht, wenn er zur Zeit unseres Prozesses zwischen Acht und Oberacht unterscheidet. Die gegenteilige Anschauung von Waitz, der eine solche Unterscheidung leugnet[3]), läßt sich unschwer entkräften. Es genügt der Hinweis auf den rheinfränkischen Landfrieden vom 18. Februar 1179. Dieses Friedensgesetz, das gerade in die Zeit des Prozesses fiel, enthält eine Bestimmung, die schon mit den Rechtssatzungen des 13. Jahrhunderts völlig

[1]) „Oberachtverfahren" nenne ich ein Verfahren, welches, bei schweren Verbrechen eingeleitet, unmittelbar zur „Oberacht" führte. Mit „Oberacht" bezeichne ich dementsprechend nicht nur die Echt- und Rechtlosigkeit, welche in Jahr und Tag nach der Acht eintrat, sondern auch die, welche in direktem Verfahren verhängt wurde. Franklin (Reichshofgericht II, 358 ff.) scheidet allerdings mit Recht die prozessualische Form und die Strafe selbst, die er „Friedlosigkeit" nennt, indem er den Ausdruck „Oberacht" nur für die nach der Acht eintretende Friedlosigkeit gelten lassen will; aber er gibt nicht an, wie die prozessualische Form in dem direkten Verfahren zu bezeichnen ist. Da nach dem Sprachgebrauch des 12. und 13. Jahrhunderts für beides ein gemeinsamer Ausdruck zu wählen ist, so entscheide ich mich aus praktischen Gründen für das prägnante Wort „Oberacht", obschon bisher keine abschließende Untersuchung über die ursprüngliche Bedeutung dieses Wortes vorliegt. (Nach der älteren Ansicht von Haltaus und Grimm bedeutet „Oberacht" nicht wiederholte Acht, sondern verstärkte Acht. Auch sagt der Sachsenspiegel III, 34: *men dut ene in uberachte.*)

[2]) Schaefer in HZ. LXXVI, 409. Klein S. 23 ff. Lucas S. 35 ff.

[3]) Waitz in FDG. X, 159 Note 3. Siehe deutsche Verfassungsgeschichte Bd. VI (2. Aufl., bearbeitet von Seeliger) S. 612 f.

übereinstimmt[1]): *Si vero proscripti in proscriptione imperatoris per annum et diem fuerint, exleges erunt et omni iure de cetero carebunt nec ius aliquod in beneficiis et allodiis habebunt.* Hiernach bedeutete also die Acht (*proscriptio*) noch nicht die Rechtlosigkeit; sondern die Rechtlosigkeit trat erst binnen Jahr und Tag nach dem Achtspruch ein, wenn der Geächtete sich in der Zwischenzeit nicht aus der Acht gelöst hatte. Ähnlich wie später[2]) findet sich schon hier der Ausdruck *exleges erunt*, für den bald auch das Wort Oberacht gebräuchlich wurde; und schon hier ist mit dieser Rechtlosigkeit (Oberacht) der Verlust aller Güter, der Lehen wie der Allodien, verknüpft.

Die Oberacht trat aber nicht nur als Folge der Acht nach Ablauf von Jahr und Tag ein, sondern sie wurde bei schweren Verbrechen, wie bei Hochverrat, auch unmittelbar verhängt. Bekannt ist die Bestimmung des Mainzer Friedensgesetzes vom 15. August 1235[3]): *Item quicumque inpetitur ab alio provocatus ad duellum pro crimine lese maiestatis, tamquam consilio vel auxilio contra nos aut imperium aliquid attemptaverit factiosum, si legitimis sibi induciis prefixis non comparuerit suam innocenciam purgaturus, per sentenciam nostram erenlos et rehtlos iudicetur.* Daß diese Bestimmung auch in früherer Zeit in Geltung war, darauf

[1]) MG. Const. I, 382 (Nr. 277 § 10). Vgl. auch die Constitutio contra incendiarios vom 29. Dezember 1186, MG. Const. I, 450 (Nr. 318 § 10): *Si quis autem a proscriptione et excommunicatione simul infra annum et diem non fuerit absolutus, universo iure et honore et legalitate sua privatus habeatur ... Omni quoque feodali iure perpetuo carebit.*

[2]) Siehe z. B. das Mainzer Friedensgesetz von 1235, MG. Const. II, 246 (Nr. 196 § 23): *Item statuimus ut quicumque per annum et diem in proscriptione imperatoris perstiterit, ... per sentenciam nostram erenlos et rehtlos pronuncietur.* Vgl. auch Sachsenspiegel Landrecht I, 38 und III, 34 ed. Homeyer, Bd. I (3. Aufl.) S. 193 f. und 326 f.

[3]) MG. Const. II, 246 (Nr. 196 § 24).

deutet unter anderem der Prozeß gegen Otto von Nordheim: Otto wurde beschuldigt, daß er den König habe ermorden wollen, und er wurde verurteilt, weil er nach Ablauf von sechs Wochen sich nicht dem Kläger zum Zweikampf stellte[1]).

Es ist nun ein Analogieschluß Fickers, daß Heinrich der Löwe, gegen den Markgraf Dietrich von der Lausitz die Beschuldigung des Hochverrats unter Erbieten zum Zweikampf erhob, auf Grund dieser Beschuldigung in die Oberacht getan (friedlos erklärt) worden sei[2])

Aber der Analogieschluß ist nichts weniger als zwingend. Ich könnte hier den wesentlichen Unterschied betonen, der zwischen dem Prozeß Ottos von Nordheim und dem Heinrichs des Löwen schon darin besteht, daß gegen Otto von Anfang an und ausschließlich die Beschuldigung des Hochverrats erhoben wurde, während Heinrich zunächst nur geringerer Vergehen und erst im Laufe des Verfahrens auch des Hochverrats angeklagt worden ist[3]). Aber selbst wenn die Parallele völlig einwandfrei wäre, so würde damit doch immer noch nicht bewiesen sein, daß der Prozeß sich hier wie dort in gleicher Weise abspielen mußte. Auch wenn die Bestimmung, die uns im Mainzer Friedensgesetz überliefert ist, gegen Heinrich anwendbar war, so bleibt doch die Frage, ob sie gegen einen so machtvollen Reichsfürsten wirklich angewendet worden ist. Denn daß fürstlichen Angeklagten gegenüber das Gesetz nicht immer in voller Strenge durchgeführt wurde, das zeigt z. B. der Prozeß Friedrichs des Streitbaren von Österreich, ein Prozeß, der gerade in die Zeit der Mainzer Friedensgesetzgebung fiel[4]):

---

[1]) Vgl. Franklin, Das Reichshofgericht im Mittelalter I, 71 ff. Siehe auch weiter unten S. 109 und 131 f.

[2]) Ficker in FDG. XI, 311.

[3]) Siehe oben S. 75 f. und unten in Kapitel 4 S. 165.

[4]) Vgl. Boehmer-Ficker 2174 b. 2175. MG. Const. II, 269 sqq. Nr. 201. Dazu F. Thiel, Kritische Untersuchungen über die im Manifest Kaiser Friedrichs II. im Jahr 1236 gegen Friedrich II. von Österreich vorgebrachten Anklagen (Prager Studien Heft XI. 1905).

in diesem Fall, in dem es sich auch um Beschuldigungen des Hochverrats handelte, hat Kaiser Friedrich II. selbst in einem späteren Briefe[1]) erklärt, daß er aus besonderer Rücksicht nicht die Oberacht, wenigstens nicht die Oberacht in ihrer strengsten Form[2]), verhängt habe: . . . *apud nos contraria instancia sollicite laborabat, ut contra te in perpetuam abiudicationem persone, honoris ac terrarum tuarum per sententiam principum procedere deberemus, quorum conatus gratiosius elidentes*... Offenbar glaubte hier der Kaiser zu einem schärferen Vorgehen das Recht zu haben, machte aber von dem Recht keinen Gebrauch[3]).

Ähnlich scheint mir der Fall Heinrichs des Löwen zu liegen: dort läßt sich sogar der strikte Gegenbeweis erbringen, daß aus der Hochverratsklage kein Oberachturteil hervorging.

Ficker[4]) behauptet, daß das Oberachtverfahren sein Ende zu Würzburg (Januar 1180) gefunden habe. Ich will nun ganz davon absehen, daß das Urteil des Hochverrats-

[1]) Boehmer-Ficker 3126. Huillard-Bréholles, Historia diplomatica Friderici secundi V, 1007.

[2]) Zweifelhaft ist, ob mit den Worten *in perpetuam abiudicationem persone, honoris ac terrarum* die Oberacht überhaupt oder die Oberacht in besonders scharfer Form gemeint ist. Daß es eine solche besonders scharfe Form der Oberacht gab, dafür spricht der Prozeß Ekberts von Meißen, dem alle Güter aberkannt wurden, zuletzt mit dem Zusatz *sine spe recuperandi* (Stumpf 2893. Codex diplomaticus Saxoniae I ed. O. Posse p. 350). Auch dem Mörder Philipps von Schwaben, Otto von Wittelsbach, wurden mit der Oberacht alle Güter abgesprochen *sine spe recuperationis* (Otto von S. Blasien MG. SS. XX, 332). Allerdings blieb einer, der sich von der Oberacht löste, auch im allgemeinen aller seiner Güter verlustig; aber der König hatte doch, wie das Beispiel Ekberts lehrt, die Möglichkeit in der Hand, dem zu Gnaden Aufgenommenen den alten Besitz wieder zurückzugeben; und diese Möglichkeit wurde wohl bei der scharfen Form der Oberacht unterbunden. Man kann vielleicht im Zusammenhang hiermit eine sühnbare und eine unsühnbare Oberacht unterscheiden.

[3]) Auf den Prozeß Friedrichs des Streitbaren komme ich noch weiter unten in Kapitel 3 S. 118 f. zu sprechen.

[4]) FDG. XI, 312 f.

verfahrens nach den Quellenberichten, die ich weiter unten besprechen werde, eigentlich schon früher zu Magdeburg (Juni 1179) hätte gefällt sein müssen. Ich will vielmehr im Anschluß an FICKERS Behauptung jetzt hier die Quellen des Würzburger Tages einmal des näheren untersuchen. FICKER beruft sich auf den Ausdruck des Magdeburger und des Pegauer Annalisten *reus maiestatis adiudicatur*; SCHAEFER[1]), der der Ansicht FICKERS beipflichtet, zitiert außerdem noch die Worte des Erfurter Annalisten *cunctis persequendus proscribitur*. Aber das *cunctis persequendus proscribitur* braucht nur die Acht, nicht die Oberacht zu bedeuten; und das *reus maiestatis adiudicatur* braucht nicht einmal mit der Acht zusammenzuhängen, sondern kann sich ebensogut auf ein lehnrechtliches wie auf ein landrechtliches Urteil beziehen[2]). Vermögen demnach solche Ausdrücke nichts zu beweisen, so liegt die Entscheidung in der Beantwortung der Frage, ob zu Würzburg dem Angeklagten nur die Lehen, oder ob ihm, einem Oberachturteil gemäß, Lehn- und Eigengüter abgesprochen wurden.

---

[1]) HZ. LXXVI, 409.

[2]) Siehe oben S. 62 f. Vgl. hierzu Helmold Chronica Slavorum lib. I cap. 82 (MG. SS. XXI, 74 und SS. Rer. Germ. p. 161): *eo quod archiepiscopus omisisset Italicam expeditionem transgressor iuramenti essetque reus maiestatis*; daß es sich hier um ein rein lehnrechtliches Verfahren handelte, ergibt sich aufs deutlichste aus den Worten Ottos von Freising (Gesta Friderici lib. II cap. 12; SS. Rer. Germ. p. 91): *non solum laicorum feoda, sed et quorumdam episcoporum, id est Hartwici Bremensis et Ulrici Halberstadensis, regalia personis tantum . . . abiudicata fuere*; wozu noch das damals erlassene Lehnsgesetz Friedrichs I. (MG. Const. I, 209 Nr. 149 § 4) zu vergleichen ist. Anderer Ansicht ist allerdings G. DEHIO, Hartwich von Stade Erzbischof von Hamburg-Bremen (in Bremisches Jahrbuch Bd. VI, 86 Note 2): DEHIO will die Worte Helmolds *reus maiestatis* auf ein landrechtliches Verfahren beziehen, das neben dem lehnrechtlichen Verfahren eingeleitet worden sei, eine Konstruktion, für die die Worte Helmolds auch nicht den geringsten Anhalt bieten.

Die allgemeine Annahme geht allerdings dahin, daß Heinrich der Löwe zu Würzburg Lehen und Eigengüter verloren habe. Aber die Begründung dieser Annahme steht auf sehr schwachen Füßen. Denn der Ausdruck des Erfurter Annalisten[1]) *suis omnibus abdicatus* läßt bei seiner allgemeinen Fassung kaum irgend einen Schluß zu und findet sich überdies in einer nachweislich irrigen Darstellung[2]). Ebensowenig stichhaltig ist die späte verworrene Erzählung Ottos von S. Blasien[3]) *omni prediorum et beneficiorum possessione feodali pena multatus privatur*: hier widerspricht der Ausdruck *feodali pena* dem Wort *prediorum*. Andererseits kommen Quellenberichte, in denen von einem Endurteil ohne Erwähnung des Würzburger Tages die Rede ist, für uns überhaupt nicht in Betracht, da ja nur bestritten werden soll, daß die Oberacht zu Würzburg oder früher, nicht daß sie später einmal eingetreten sei[4]). Bedeutungslos ist daher der Bericht des Pöhlder Annalisten[5]) *rebus et beneficiis abiudicavit*; bedeutungslos der Bericht des Erfurter Chronisten[6]) *beneficiorum ac omnium facultatum expers diiudicatur*; bedeutungslos auch der Bericht Arnolds von Lübeck[7]) *bona eius publicari precepit*, Worte, die Arnold gebraucht, nachdem er von der Weiterverleihung des sächsischen Herzogtums gesprochen, einer Begebenheit, die erst hinter den Würzburger Tag zu verlegen ist[8]). Ja, Arnold berichtet

---

[1]) Monumenta Erphesfurtensia SS. Rer. Germ. p. 64.

[2]) Siehe hierüber unten S. 169 f.

[3]) MG. SS. XX, 316. Vgl. oben S. 20 f.

[4]) In der späteren Zeit kann die Oberacht binnen „Jahr und Tag" nach der Acht eingetreten sein, ohne mit der Hochverratsklage irgendwie zusammenzuhängen.

[5]) MG. SS. XVI, 95.

[6]) Monumenta Erphesfurtensia SS. Rer. Germ. p. 190.

[7]) Arnoldi Chronica Slavorum lib. II cap. 10. MG. SS. XXI, 133 (SS. Rer. Germ. p. 49. 48).

[8]) Irrig ist die Ansicht Giesebrechts (Geschichte der deutschen Kaiserzeit VI, 571): „es könnte doch schon in Würzburg

vorher, was mir weit wichtiger erscheint, nur von der Aberkennung der Lehen *et ducatu et omnibus beneficiis careat*; und seine Darstellung läßt sich demnach eher gegen, als für die FICKER-SCHAEFERsche Auffassung anführen.

Für die bisher herrschende Meinung, daß Heinrich zu Würzburg der Lehen und Eigengüter verlustig ging, bleibt alsdann allein noch das Zeugnis des Pegauer Annalisten[1]). Aber selbst dieses scheinbar so wertvolle Zeugnis eines zeitgenössischen Schriftstellers, das übrigens auch in die jüngere Lauterberger Chronik[2]) übergegangen ist, stellt sich bei genauerer Prüfung als unzuverlässig heraus.

Die Pegauer Annalen sind nämlich im Zusammenhang mit einer anderen zeitgenössischen Quelle, den Magdeburger Annalen, zu betrachten, und diese Magdeburger Annalen[3]) lassen Heinrich den Löwen zu Würzburg nur die Lehen, nicht die Eigengüter verlieren. Man vergleiche:

Annales Pegavienses.	Annales Magdeburgenses.
Imperator post epifaniam curiam habuit in Wirciburg, ad quam dux Heinricus vocatus non venit, et ideo ex sententia principum reus maiestatis adiudicatur. Preterea omnis hereditas eius et omnia beneficia . . . . . eidem abiudicantur.	*Dux Heinricus ab imperatore ad curiam Wirciburc vocatus et venire contempnens ex sententia principum reus maiestatis et privari beneficiis adiudicatur.*

Die Übereinstimmung ist unleugbar, so daß ein verwandtschaftliches Verhältnis der einen Quelle mit der anderen angenommen werden muß. Zweifelhaft kann nur sein, welche der beiden Fassungen die ursprünglichere ist, ob die reichere des Pegauer oder die knappere des Magdeburger

---

geschehen sein." Siehe dazu weiter unten in Kapitel 4 und im Schlußabsatz S. 185.

[1]) MG. SS. XVI, 263.

[2]) MG. SS. XXIII, 157.

[3]) MG. SS. XVI, 194.

Annalisten. Cohn, der das Quellenverhältnis eingehend untersucht hat[1]), vertritt zwar die Ansicht, daß in diesem Abschnitt die Pegauer Annalen von dem Magdeburger Geschichtschreiber kopiert worden seien; und derselben Meinung ist auch Schaefer: „Aus den Magdeburger Annalen, die für die betreffenden Jahre nur ein Auszug aus den Pegauer sind, ist Neues nicht zu gewinnen. Daß in ihnen nur vom Absprechen der Lehen und nicht des Erbguts die Rede ist, kann nicht weiter in Betracht kommen, da diese Fassung ausschließlich der Kürze des Autors zuzuschreiben ist . . .“[2]) Demgegenüber ist aber zunächst festzustellen, daß die Magdeburger Annalen keinesfalls „nur ein Auszug aus den Pegauer“ sind, da, wie schon Wattenbach bemerkt hat[3]), bald die eine, bald die andere Quelle mehr enthält. Alsdann scheint mir jedoch die größere Kürze des Magdeburger Annalisten gerade ein Zeugnis dafür zu sein, daß sein Text nicht der abgeleitete, sondern der ursprüngliche ist; denn bei aller Kürze sind seine Notizen meist prägnanter, und seine einfache gedrungene Darstellung erweckt eher den Eindruck, aus einem Guß zu kommen, als die reichhaltigere, stellenweise weitschweifige Erzählung des Pegauer Geschichtschreibers[4]). Überdies steht durch die Unter-

---

[1]) Cohn, Die pegauer Annalen aus dem 12. und 13. Jahrhundert (Altenburg 1858) S. 31 ff. und in GGA. Jahrg. 1860 S. 860.

[2]) Schaefer in HZ. LXXVI, 396 f. fügt noch hinzu: „. . . wie er denn auch im unmittelbaren Anschluß daran nur von einer sächsischen Belehnung Bernhards spricht und auch sonst das Meiste der Pegauer Annalen unberücksichtigt läßt.“ Aber aus solchen Ungenauigkeiten lassen sich meines Erachtens keine Schlüsse ziehen; bezüglich der Vergabung Sachsens bemerke ich noch, daß Bernhard zunächst mit dem ganzen Herzogtum belehnt wurde, daß es daher nahe lag, dieses Ereignis hervorzuheben, zumal der Magdeburger Annalist im allgemeinen wenig Sinn für politische Begebenheiten besaß und übrigens seinen Bericht auch gerade um 1180 abbrach (siehe unten).

[3]) Wattenbach, Geschichtsquellen im Mitteltalter II, 439.

[4]) Zum Jahre 1179 schreiben z. B. die Annales Magdeburgenses (MG. SS. XVI, 194): *Hiemps gravis ipso anno ipsum etiam vernum*

suchungen Cohns ganz außer Zweifel, daß bis zum Jahre 1176 die Magdeburger Quelle von dem Pegauer Annalisten ausgeschrieben wurde; und da erscheint es doch weit glaublicher, daß in den nächstfolgenden Jahren noch dasselbe Quellenverhältnis bestand, zumal der Magdeburger Annalist früher als der Pegauer die Darstellung abbricht, nämlich gerade bei dem Jahre 1180[1]). Es ist demnach fast mit Sicherheit anzunehmen, daß es der Pegauer Annalist war, der die Magdeburger Quelle kopierte, und zwar zu Beginn der achtziger Jahre. Stand aber die Magdeburger Quelle den Ereignissen näher, dann wird man ihr auch das größere Vertrauen entgegenbringen.

Da freilich beide Annalisten als Zeitgenossen berichten, so könnte immerhin der jüngere Geschichtschreiber auch eine Notiz des älteren berichtigt haben[2]), und es genügt daher noch nicht allein der Nachweis des höheren Quellenalters. Schlagende Beweise lassen sich nur aus der Betrachtung der betreffenden Nachricht selbst gewinnen.

Der Bericht über den Würzburger Tag klingt nun aber in den Pegauer Annalen schon deshalb nicht glaubwürdig, weil er hier kurz darauf bei Schilderung des Regensburger Tages noch einmal wiederkehrt: der Annalist erzählt dasselbe Ereignis, die Aburteilung der Lehen und Eigengüter, zweimal, auf dem Würzburger Tage (Januar 1180) und auf dem Regensburger Tage (Juni 1180)[3]); er muß sich somit

---

tempus occupavit, ita ut 13 *kal. iulii flores in arboribus primum apparerent*; dagegen die Annales Pegavienses (MG. SS. XVI, 262): *Mortalitas ovium et aliorum iumentorum propter nimis diuturnam hiemem. In ipsa enim festivitate horrida nix diu duravit in pascha, ut etiam volucres ingemiscerent nobiscum, ut leticiam paschalem, gelu tristi nondum terso, vix concineremus. Messis serotina; vinum periit . . .*

[1]) Von 1181 bis 1185 ist in den Magdeburger Annalen eine Lücke.

[2]) Vieles, was der Pegauer Annalist seiner Vorlage hinzufügt, ist ja zweifellos richtig: so z. B. auch in der oben zitierten Stelle die Zeitbestimmung für den Würzburger Tag: *post epiphaniam*.

[3]) Über den Regensburger Tag siehe unten in Kapitel 4 S. 179 ff.

an einer der beiden Stellen geirrt haben. Der Irrtum ist aber nur verständlich, wenn der Autor einen Beschluß des späteren Regensburger Tages auf den Würzburger Tag übertrug; denn bei der Unterscheidung von zwei Urteilen muß das erste die Aberkennung der Lehen, das zweite die der Lehen und Eigengüter gewesen sein. Dazu kommt, daß man anderenfalls ja zwei Irrtümer bei zwei Autoren annehmen müßte: einen Irrtum des Pegauer Annalisten bei Schilderung des Regensburger Tages und daneben noch einen Irrtum des Magdeburger Annalisten bei Schilderung des Würzburger Tages — eine Annahme, die mir kaum diskutabel erscheint.

Wäre unter diesen Umständen überhaupt noch ein Zweifel möglich, so würde er gehoben durch den Wortlaut der Gelnhäuser Urkunde; denn die Urkunde bringt uns eine Bestätigung nicht für den Text des Pegauer Annalisten *omnis hereditas et omnia beneficia . . . . abiudicantur*, sondern für den Text des Magdeburger Annalisten *privari beneficiis adiudicatur.* In der Urkunde[1]) wird ausdrücklich der Würzburger Tag erwähnt, und als Ergebnis dieses Tages wird nur die Aburteilung der Lehen angegeben: *tam d u c a t u s Bawarie quam Westfalie et Angarie quam etiam universa que ab imperio tenuerit b e n e f i c i a per unanimem principum sententiam in sollempni curia W i r c i b u r c celebrata ei abiudicata sunt.*

Ficker, der das Zeugnis des Magdeburger Annalisten übersehen hat, müht sich in längeren Auseinandersetzungen[2]), den Widerspruch zu heben, der zwischen dem Wortlaut der Gelnhäuser Urkunde und der Annahme eines Oberachtverfahrens besteht: er weist darauf hin, daß in der Urkunde nur die Aburteilung der Reichslehen betont werden sollte, und daß für die späteren Besitzer der Lehen ein Interesse

---

[1]) MG. Const. II, 385.

[2]) FDG. XI, 314 ff.

vorlag, jene Aburteilung nicht allein auf ein landrechtliches Verfahren, das vielleicht anfechtbar war, zu stützen, sondern daneben noch auf ein unanfechtbares lehnrechtliches Verfahren. Aber eine derartige Erwägung könnte doch höchstens begründen, daß man noch ein lehnrechtliches Verfahren einleitete, nicht aber, daß man am Schluß ein Oberachtverfahren ganz unerwähnt ließ. Außerdem bleibt die Frage: wenn es nur auf die Aburteilung der Lehen ankam und wenn dazu die Erwähnung des lehnrechtlichen Verfahrens genügte, weshalb berief man sich dann im Anfang der Urkunde noch auf das Achtverfahren? Ebensogut wie die Acht hätte man hier doch auch die Oberacht erwähnen müssen. Und wenn einer auch über diese Schwierigkeit hinweggleiten wollte, dann bleibt immer noch das Zeugnis des Magdeburger Annalisten, das sich durch solche Erwägungen nicht aus dem Wege räumen läßt. Wie man auch die Sache wenden mag, die Darstellung der Quellen ist mit FICKERS Auffassung absolut nicht in Einklang zu bringen.

Aus der übereinstimmenden Darstellung der Gelnhäuser Urkunde und des Magdeburger Annalisten, die noch in späteren Erzählungen Arnolds von Lübeck und Alberts von Stade eine Bestätigung findet[1]), geht klar hervor, daß nur ein l e h n rechtliches Urteil in Würzburg verkündet wurde. Namentlich aus dem Wortlaut der Gelnhäuser Urkunde ergibt sich mit aller Bestimmtheit, daß kein Oberachturteil in Würzburg gefällt sein kann. Denn mit der urkundlichen Darstellung, die nur den Abschluß des lehnrechtlichen Verfahrens zu Würzburg kennt, ist schlechterdings unvereinbar die Annahme eines Oberachtverfahrens, das ebendort zum Abschluß gekommen sein soll. Ja es läßt

[1]) Über Arnold von Lübeck siehe oben S. 82 f.; Albert von Stade MG. SS. XVI, 349: *Imperator Werceburch curiam habens in natali domini Heinrico duci abiudicavit omne feodum, quod ab imperio tenuit vel archiepiscopis vel episcopis.*

sich sogar allgemeiner behaupten, daß, wenn ein Oberachturteil irgendwo oder -wann vor dem Gelnhäuser Tage gefällt worden wäre, dieses Urteil notgedrungen in der Urkunde hätte Erwähnung finden müssen. Kann aber vor dem Ausstellungstage der Urkunde (13. April 1180) kein Oberachturteil erfolgt sein, dann fehlt überhaupt jede Möglichkeit, ein Oberachtverfahren auf Grund des Hochverrats anzunehmen, da ja die Hochverratsklage schon zu Worms (Januar 1179) oder spätestens zu Magdeburg (Juni 1179) erhoben wurde[1]) und zwischen dem Magdeburger und dem Gelnhäuser Tage noch mehrere andere Gerichtstage lagen[2]).

Fickers Konstruktion eines Oberachtverfahrens ist somit eine unhaltbare Hypothese.

Leugnet man aber die Existenz eines Oberachtverfahrens, dann zerfällt hiermit die ganze Anschauung, daß es vor allem die Hochverratsklage war, die zur Verurteilung Heinrichs geführt habe.

Da nämlich die Beweisform des Zweikampfes, die mit der Hochverratsklage verbunden war, sich nur im landrechtlichen, nicht im lehnrechtlichen Verfahren nachweisen läßt (z. B. vorher in dem Prozeß Ottos von Nordheim und nachher in der Bestimmung des Mainzer Landfriedens)[3]), so war auch die Herausforderung Heinrichs des Löwen durch Dietrich von der Lausitz, wie wenigstens bisher unbestritten angenommen wird, ein Vorgang des landrechtlichen Verfahrens. Als landrechtliches Verfahren kommt aber in dem Prozeß Heinrichs nur das Achtverfahren in

---

[1]) Siehe unten S. 90 ff.

[2]) Siehe hierüber unten Kapitel 4.

[3]) Siehe oben S. 78 f. Zu beachten sind die Bestimmungen des Sachsenspiegels (Buch III Art. 26 § 2, Art. 33 § 3 ed. Homeyer I, 320. 325), daß der Zweikampf nur im Stammland oder Geburtsland des Angeklagten stattfinden dürfe: hiernach gehörte die Beweisform des Zweikampfes nur dem Landrecht an, nicht dem Lehnrecht (vgl. Homeyer, Sachsenspiegel II b. System des Lehnrechts § 82 S. 610).

Betracht; und das Achturteil wurde nach dem Bericht der Gelnhäuser Urkunde allein begründet durch Heinrichs Gewalttaten, nicht durch den Hochverrat.

Wollte man aber entgegen der allgemeinen Auffassung die Hochverratsklage als einen Bestandteil des lehnrechtlichen Verfahrens annehmen, so würde selbst dies an dem Ergebnis nichts ändern; denn der *reatus maiestatis*, den die Gelnhäuser Urkunde als Grund des lehnrechtlichen Urteils angibt, war ja, wie ich im vorigen Kapitel zeigte[1]), ebenfalls nicht der Hochverrat, sondern der gerichtliche Ungehorsam.

Wie auch immer, die Hochverratsklage kann von keiner wesentlichen Bedeutung für die Verurteilung gewesen sein.

Um die Richtigkeit dieser Auffassung zu erproben, wende ich mich nunmehr noch den Berichten der Schriftsteller zu, die von dem Hochverrat handeln.

Waitz hat die Quellenbelege für die Hochverratsklage gesammelt, und Schaefer hat weiter alles zusammengestellt, was sich für den Hochverrat anführen läßt[2]).

Daß die Beschuldigung des Hochverrats gegen Heinrich den Löwen erhoben wurde, das ist unbestreitbar. Arnold von Lübeck, der Lauterberger Chronist und der Verfasser der sächsischen Weltchronik erzählen von der Herausforderung zum Zweikampf durch Markgraf Dietrich von der Lausitz. Arnold von Lübeck[3]) nennt hierbei als Gegenstand der Klage *quasdam traditiones contra imperium factas*; der Lauterberger Chronist[4]) schreibt *tamquam qui contra imperatorem coniurasset*. Ähnlich spricht der Annalist von S. Georgen im Schwarzwald[5]) von *coniuratione adversus*

---

[1]) Siehe S. 62 ff. Vgl. auch weiter S. 125 und S. 145 f.

[2]) Waitz in FDG. X, 161 ff.; Schaefer in HZ. LXXVI, 396 ff.

[3]) MG. SS. XXI, 133 und SS. Rer. Germ. p. 48 (lib. II cap. 10).

[4]) MG.SS. XXIII, 157.

[5]) MG.SS. XVII, 296.

cesarem, der Ursperger Chronist[1]) von *traditione et crimine lese maiestatis*, der Verfasser der Gesta Henrici[2]) von *fide lesa et periurio* und *lesione maiestatis romani imperii*, der Kölner Chronist[3]) von *fraus* und *perfidia*. Mit dem Verrat oder dem Treubruch ist gemeint, wie wir weiter feststellen können, die Verbindung Heinrichs mit inländischen und auswärtigen Gegnern des Kaisers: der Ursperger Chronist erwähnt eine Verschwörung mit schwäbischen Großen, den Grafen von Zollern und Veringen[4]); nach den Gesta Henrici und anderen Quellen wurden ferner dem Herzog seine Verbindungen mit auswärtigen Mächten zur Last gelegt[5]). Aber ein vom Hochverrat abgesonderter Begriff des Landesverrats, wie er in unserem heutigen Strafgesetzbuch vorkommt, war dem Mittelalter fremd. Die Beschuldigung, die erhoben wurde, bezog sich ganz allgemein auf verräterische Machenschaften gegen Kaiser und Reich, einen Treubruch, der als Hochverrat zu bezeichnen ist[6]).

Über die Art, wie die Hochverratsklage erhoben wurde, macht Arnold von Lübeck[7]) genaue Angaben: *imperator autem aliam ei curiam indixit in Magdeburg, ubi Thidericus marchio de Landesberch duellum contra eum*

---

[1]) MG.SS. XXIII, 357 und SS. Rer. Germ. p. 53.

[2]) MG.SS. XXVII, 101.

[3]) SS. Rer. Germ. p. 130.

[4]) A. a. O.: *Dux siquidem ipsum preveniens in Suevia fecerat conspirationem contra imperatorem et precipue cum Zolrensibus et Veringensibus et quibusdam aliis comitibus.* Eine Urkunde, in der die Grafen von Veringen erwähnt werden, siehe bei C. B. A. Fickler, Quellen und Forschungen zur Geschichte Schwabens und der Ostschweiz S. 62 ff. Vgl. dazu Giesebrecht(-Simson), Geschichte der deutschen Kaiserzeit VI, 564.

[5]) Am ausführlichsten handelt hierüber Schaefer (in HZ. LXXVI, 398 ff.), der insbesondere auch darlegt, daß der Slaweneinfall „der Anlaß, nicht der Inhalt" der Hochverratsklage war.

[6]) Siehe oben S. 76 Note 2.

[7]) MG.SS. XXI, 133 und SS. Rer. Germ. p. 48.

expetiit, imponens ei quasdam traditiones contra imperium factas. Verius tamen propter indignationem id factum fuisse creditur, quia Sclavi exciti a duce omnem terram illius que Lusice dicitur irrecuperabiliter vastaverant. Dux autem hoc animadvertens venire noluit. Hiermit zu vergleichen ist einerseits die Erzählung der Kölner Königschronik[1]) *Curia apud Magedeburg satis celebris .... ibique fraus eius et perfidia primum imperatori detecta est* und andererseits die Nachricht der Annalen von S. Georgen im Schwarzwalde[2]) *cesar post natale domini curiam Wormatie constituit, ubi Heinricus dux Saxonie de coniuratione adversus cesarem accusatus est.*

Scheinbar widerspricht die Notiz des Schwarzwälder Annalisten von dem Wormser Tage (Januar 1179) der Darstellung des Kölner Chronisten von dem Magdeburger Tage (Juni 1179), und die Vermutung liegt nahe, daß einer von beiden sich geirrt und die Gerichtstage verwechselt habe[3]). Aber die Nachricht des Schwarzwälder Annalisten, daß die Klage schon in Worms erhoben wurde, erhält eine Bestätigung in der Erzählung Arnolds von Lübeck; denn wenn dieser am Schluß sagt, der Herzog sei wegen der Hochverratsklage nicht nach Magdeburg gekommen, so muß die Hochverratsklage schon vorher anhängig gemacht worden sein. Auf der anderen Seite läßt sich aber hiermit auch die Darstellung des Kölner Chronisten wohl vereinigen, daß in Magdeburg, wo bereits der Gerichtstermin stattfand, der Verrat des Herzogs erst aufgedeckt wurde; denn der Kläger Dietrich von der Lausitz braucht erst auf dem Gerichtstage,

---

[1]) SS. Rer. Germ. p. 130.

[2]) MG.SS. XVII, 296.

[3]) Schaefer hat anfangs in HZ. LXXVI, 403 die Darstellung des Kölner Chronisten, später in HZ. XCI, 540 dagegen die Darstellung des Schwarzwälder Annalisten angezweifelt. Quellenkritisch wäre die Möglichkeit eines Irrtums bei dem einen oder dem anderen Annalisten zuzugeben, da beide Gewährsmänner nicht unbedingt zuverlässig sind.

auf dem der Beklagte ausblieb, seine Klage näher erläutert zu haben[1]). Die Herausforderung zum Zweikampf mag allerdings schon in Worms angesagt und dann in Magdeburg öffentlich verkündet worden sein; und insofern könnte auch der Bericht des Lauterberger Chronisten, eines sonst freilich unzuverlässigen Gewährsmannes, halbwegs auf Wahrheit beruhen[2]): . . . *ad duellum coram imperatore s e p i u s provocabat.* Auf jeden Fall hat aber wegen der Hochverratsklage nicht, wie Schaefer im Anschluß an die Lauterberger Nachricht glaubt[3]), eine dreifache Herausforderung stattgefunden, sondern, wie schon Waitz bemerkt hat[4]), nur eine einmalige, da sich in allen Parallelfällen bei Hochverratsklagen immer nur eine Herausforderung nachweisen läßt[5]). So wurde auch Heinrich der Löwe von Worms aus nach Magdeburg vorgeladen, und in Magdeburg muß die öffentliche Herausforderung stattgefunden haben[6]).

Aus den Darstellungen Arnolds von Lübeck und des Kölner Chronisten ergibt sich nun weiter, daß die Hochverratsklage nicht im Auftrage des Kaisers, ja nicht einmal mit seinem Willen erhoben worden ist: so erzählt der Kölner Chronist, daß dem Kaiser der Verrat des Herzogs überhaupt erst zu Magdeburg enthüllt wurde (*detecta est*), und Arnold stellt dementsprechend die Herausforderung zum Zweikampf als eine rein persönliche Angelegenheit des

---

[1]) Nur um eine Erläuterung der Klage kann es sich gehandelt haben, nicht um eine Beweisführung, da der Beweis durch den Zweikampf erbracht werden sollte.

[2]) MG.SS. XXIII, 157. Über die geringe Glaubwürdigkeit des Chronisten siehe weiter unten in Kap. 4 S. 148 ff.

[3]) Schaefer in HZ. LXXVI, 403.

[4]) Waitz in FDG. X, 165.

[5]) So schon im Prozeß Ottos von Nordheim; andere Beispiele siehe bei Franklin, Das Reichshofgericht im Mittelalter II, 245 f. Vgl. meine Ausführungen im nächsten Kapitel S. 125 ff.

[6]) Siehe hierüber in Kapitel 4 S. 155 ff. und 175 f.

dem Herzog verfeindeten[1]) Markgrafen dar, indem er den Kaiser noch nachher mit dem Herzog zusammentreffen und verhandeln läßt[2]). Wenn gegenüber diesem übereinstimmenden Bericht Arnolds und des Kölner Chronisten ein englischer Geschichtschreiber die Klage über den Verrat dem Kaiser selbst in den Mund legt[3]), so kann das um so weniger ins Gewicht fallen, als jener englische Geschichtschreiber fern vom Schauplatz lebte und in seiner Darstellung gar nicht das Rechtsverfahren, sondern nur die politischen Ereignisse im Auge hatte.

Arnold von Lübeck, der einzige Gewährsmann, der uns eine ausführliche und glaubwürdige Schilderung der Hochverratsklage gibt, nennt als Folge dieser Klage nur das Fernbleiben des Angeklagten von dem Magdeburger Tage: die spätere Verurteilung leitet er ausdrücklich nicht aus dem Hochverrat, sondern aus anderen Gründen ab[4]).

Es ist erst eine weit jüngere Quelle, die der Hochverratsklage eine maßgebende Bedeutung für den Verlauf des Rechtsverfahrens beimißt: die sächsische Weltchronik, die den Achtspruch durch die Klage Dietrichs von der Lausitz motiviert *do dede in de keiser to achte dur den marcgreven Diderike* oder *dor des marchgreven Diderikes clage*[5]). Aber in dieser Fassung ist die Nachricht sicherlich irrig, da ja in der Gelnhäuser Urkunde vor dem Achtspruch nur von Heinrichs Gewalttätigkeiten die Rede ist: in dem Achtverfahren kann daher der Hochverrat nicht den Ausschlag

---

[1]) Vgl. die Worte Arnolds: *Verius tamen propter indignationem id factum fuisse creditur, quia Sclavi exciti a duce omnem terram illius que Lusice dicitur irrecuperabiliter vastaverant.*

[2]) Auch wenn man an die Zusammenkunft selbst nicht glaubt, so zeigt sie doch, in welchem Sinn Arnold den vorausgehenden Vorgang der Herausforderung zum Zweikampf auffaßt.

[3]) Gesta Henrici II. MG.SS. XXVII, 101. *Dicebat enim imperator ille . . . et in multis accusabat eum de fide lesa et periurio.*

[4]) Siehe unten S. 100 f.

[5]) MG., Deutsche Chroniken II, 230.

gegeben haben, kann er höchstens als Begleitmotiv neben den Gewalttätigkeiten mit in Betracht gekommen sein.

Daß die Beschuldigung des Hochverrats, die nur eine geringe Rolle in dem Rechtsverfahren spielte, auf die Phantasie späterer Chronisten großen Eindruck machte, ist leicht begreiflich. Es läßt sich durch eine Reihe von Quellen[1]) verfolgen, wie gerade die Beschuldigung des Verrats bald mit den seltsamsten Gerüchten verknüpft wurde: Heinrich der Löwe soll dem Kaiser nach Herrschaft und Leben getrachtet[2]), soll infolge von Bestechung in verräterischer Verbindung mit den Lombarden gestanden, soll aus diesem Grunde seinem Herrn die Hilfe in dramatischer Szene verweigert haben[3]).

Solchen phantastischen Gerüchten gegenüber ist festzuhalten, daß verräterische Beziehungen zu den Lombarden dem Herzog gar nicht zur Last gelegt wurden: die Gesta Henrici lassen den Kaiser sich nur über die Tatsache beklagen, daß die Hilfsverweigerung des Herzogs den Verlust der Lombardei herbeigeführt habe[4]); und Gottfried von Viterbo[5]) nennt unter den verschiedenen ausländischen Mächten, die mit dem Herzog in Verbindung standen, gerade nicht die Lombarden, die er im Falle eines Verdachtes sicherlich an erster Stelle erwähnt haben würde.

Unter den Mächten, mit denen Heinrich Beziehungen unterhielt, befanden sich nicht offene Feinde des Kaisers, wohl aber verkappte Gegner, wie Byzanz, Frankreich, England u. a. Daß Heinrichs Verbindung mit diesen Mächten sich im geheimen gegen Kaiser und Reich wandte, das läßt sich nur vermuten, nicht beweisen. In Ergänzung der Nachrichten, die schon an anderer Stelle besprochen

---

[1]) Die Quellen bei Waitz in FDG. X, 163 f.

[2]) So Magnus von Reichersberg (MG. SS. XVII, 506).

[3]) So Otto von S. Blasien (MG. SS. XX, 315 sq.) u. a.

[4]) MG. SS. XXVII, 101.

[5]) MG. SS. XXII, 332 und SS. Rer. Germ. p. 43 (Vers 1147 sqq.).

sind[1]), sei hier noch kurz darauf hingewiesen, daß Heinrich durch seine Töchter im Osten mit dem Abodritenfürst Pribislaw und mit dem Dänenkönig Waldemar, der sich Papst Alexander anschloß, in enge verwandtschaftliche Beziehungen getreten[2]), daß er im Westen durch seine eigene Vermählung mit einer englischen Königstochter in nahe Berührung mit dem englischen Herrscherhaus gekommen war. Im Jahre 1175/76 weilten Heinrichs Söhne am englischen Hof[3]); im November 1176 erschien daselbst noch eine besondere Gesandtschaft Heinrichs zur gleichen Zeit, zu der dort Boten des griechischen Kaisers und des Grafen von Flandern eintrafen[4]). Obgleich auch Friedrich Barbarossa Gesandte nach England geschickt hatte, begann doch damals die Politik des englischen Königs, der mit Papst Alexander und den Normannen in Verbindung stand, eine mehr deutschfeindliche Wendung zu nehmen; und es ist so sehr gut möglich, daß die Boten Heinrichs und die Gesandten aus Flandern und Byzanz mit dem englischen König Abmachungen trafen, die ihre Spitze gegen keinen anderen als den deutschen Kaiser richteten. Ein solcher Argwohn ist nicht von der Hand zu weisen; denn einige Jahre später, während der Katastrophe Heinrichs des Löwen, hat in der Tat eine ähnliche Koalition westeuropäischer Mächte stattgefunden. Hierüber besitzen wir drei sich gegenseitig ergänzende Quellen-

---

[1]) Siehe oben S. 36 ff.

[2]) Hierüber siehe GIESEBRECHT, Geschichte der deutschen Kaiserzeit V, 607. 640. 686. 935.

[3]) Pipe Roll Society Publications Bd. XXV (1904) p. 13.

[4]) Siehe ebendort p. 11 und Radulfus de Diceto MG. SS. XXVII, 269: *Sub iisdem diebus nuncium Manuelis Constantinopolitani, nuncium Frederici Romani imperatoris, nuncium Willelmi Remensis archiepiscopi, nuncium Henrici ducis Saxonici, nuncium Philippi Flandrensium comitis, quos varia trahebant negotia, tamquam ex condicto simul in curia regis Anglorum conspiceres 2 idus novembris apud Westmoster.*

nachrichten: nach dem Bericht der Gesta Henrici[1]) bedauerte der englische König, wegen der Entfernung seinem Schwiegersohn keine persönliche Hilfe leisten zu können; er suchte nach der Erzählung der Continuatio Aquicinctina[2]) den König von Frankreich und den Grafen von Flandern aufzustacheln, daß sie mit den Waffen für Heinrich eingriffen; und nach einer Nachricht des Kölner Chronisten[3]) hielt es der König von Frankreich wie der Graf von Flandern für nötig, eine Gesandtschaft an den deutschen Hof nach Sinzig zu senden, um sich bei Friedrich zu entschuldigen: *numquam sibi animo fuisse, ut causa ducis Saxonie imperatori rebellaret*, eine Notiz, die unwillkürlich die Erinnerung an das Sprichwort wachruft „Qui s'excuse, s'accuse".

Aber so schwerwiegend diese Verdachtsmomente auch erscheinen mögen, tatsächliche Beweise für verräterische Verbindungen Heinrichs brauchen trotz alledem nicht existiert zu haben, brauchen auch während des Prozesses nicht einmal in Händen des Klägers, des Markgrafen Dietrich, gewesen zu sein; denn das Argument, das der Kläger anbot, war die Herausforderung zum Zweikampf[4]).

---

[1]) MG. SS. XXVII, 101: . . . *doluit veementer de inquietatione generi sui, eo quod pro voluntate sua ei auxiliari non potuit propter locorum distancias.*

[2]) MG. SS. VI, 419: *Philippus rex Francorum et Philippus comes Flandrensium ab Henrico rege Anglorum ante Henrici comitis reversionem sollicitati, ut super Fredericum imperatorem propter ducis Saxonie exhereditationem secum ducerent exercitum . . .*

[3]) Chronica Regia Coloniensis (SS. Rer. Germ. p. 130): *Nuncii regis Francie imperatorem Sinzeche adeunt cum litteris eiusdem regis, in quibus se devote excusavit . . . . . Id ipsum nuncii comitis Flandrensis de domino suo credi petebant.* Über die Chronologie dieser Nachricht, die bei dem Kölner Chronisten unter dem Jahre 1180 steht, siehe Scheffer-Boichorst in FDG. VIII, 472 f. und 552 ff., wiederabgedruckt Gesammelte Schriften II, 8 und 113 ff.; Giesebrecht (-Simson), Geschichte der deutschen Kaiserzeit VI, 575.

[4]) Hierüber siehe Schaefer (in HZ. LXXVI, 402): „Daß sie (die Klagen) nicht erwiesen werden konnten, ist wohl aus der gewählten

Fehlten jedoch die tatsächlichen Beweise, dann erklärt sich von selbst, weshalb der Kaiser bei Begründung des Rechtsurteils in der Gelnhäuser Urkunde die Hochverratsklage Dietrichs unerwähnt ließ. Die Beschuldigung des Hochverrats, von der sich der Angeklagte nicht gereinigt hatte, konnte vielleicht als ein erschwerendes Moment in Reden oder Briefen mitgenannt werden, ohne doch einen Platz unter den offiziellen Gründen des Urteils zu finden. Wie man etwa in dem Prozeß Friedrichs des Streitbaren von Österreich Beschuldigungen des Hochverrats erhob[1]), ohne auf diese Beschuldigungen das Urteil zu gründen[2]), so wird man ähnlich im Prozeß Heinrichs verfahren sein: Hier wie dort ging man möglichst behutsam gegen den mächtigen Angeklagten vor[3]); und so stützte man die Verurteilung Heinrichs weniger auf die schlecht fundierte Hochverratsklage, als auf andere Gründe, bei denen die Schuld des Angeklagten außer Zweifel stand[4]).

Daß der Hochverrat nicht, wie Waitz und Schaefer meinen, der Hauptgrund der Verurteilung war, das darf wahrlich nicht wundernehmen; denn hätte wirklich die

Form des Beweises durch Zweikampf genügend ersichtlich." Diese Ansicht Schaefers halte ich allerdings für zu weitgehend, da der Zweikampf bei Anklagen des Hochverrats die übliche Form des Beweises war. Immerhin brauchten alsdann andere tatsächliche Beweise nicht mehr vorhanden gewesen zu sein.

[1]) MG. Const. II, 269 sqq. Nr. 201. (Boehmer-Ficker 2175.)

[2]) Vgl. oben S. 79 f. Siehe hierzu noch insbesondere Continuatio Sancrucensis MG. SS. IX, 638: . . . *sententiam proscriptionis coram multis principibus incurrit; tum propter contemptum, tum etiam propter querimoniam multorum prelatorum, ecclesiarum et principum ac diversarum personarum ecclesiastici ordinis et potentie secularis.* Ganz ähnlich lautete die Begründung der Achtsentenz im Prozeß Heinrichs des Löwen.

[3]) Hierüber siehe unten S. 165 und 184.

[4]) Wäre die Hochverratsklage unter den offiziellen Gründen des Urteils mit aufgeführt, dann hätte wohl darauf die Oberacht erfolgen müssen, was man anscheinend zunächst umgehen wollte.

Verurteilung sich vornehmlich auf die Hochverratsklage gegründet, dann würde diese Verurteilung den Zeitgenossen wie der Nachwelt wohl schwerlich als eine durchaus gerechte erschienen sein.

Eine Begründung der Verurteilung findet sich außer in der Gelnhäuser Urkunde auch in den Erzählungen der Schriftsteller: so vor allem in Erfurter Quellen, in der Chronik Arnolds von Lübeck und in den Pegauer Annalen.

Der Erfurter Annalist berichtet, daß Heinrich zu Würzburg geächtet worden sei[1]): *evidentibus indiciis Romani agnitus hostis imperii, presenciam sui regie maiestati iam diu animose subtrahens, velut improbus multarum invasor ecclesiarum et violentus ubique oppressor Christi pauperum . . .* Waitz und Schaefer wollen hier die Worte *Romani agnitus hostis imperii* auf die Beschuldigung des Hochverrats beziehen[2]). Aber der allgemeine Ausdruck *hostis imperii* ist ebenso wie der Ausdruck *reus maiestatis* meist nicht mit dem engeren Wort „Hochverräter" zu übersetzen. In diesem Fall erscheint mir eine solche Übersetzung besonders unwahrscheinlich wegen des vorausgehenden *evidentibus indiciis.* Die Hochverratsklage konnte höchstens dadurch als formal erwiesen gelten, daß Heinrich den angebotenen Zweikampf ausschlug; und das Ausschlagen des Zweikampfes war, wie ich bereits bei Besprechung der Gelnhäuser Urkunde ausführte[3]), kein genügendes Argument, um die betreffende Beschuldigung als einzige mit *evidens* zu bezeichnen. Aber noch viel weniger passen auf das einmalige Ausschlagen des Zweikampfes die Worte *evidentibus indiciis*[4]). Genau wie in der Urkunde der Ausdruck *pro evidenti reatu maiestatis* seine Erklärung in dem vorausgehenden Satz findet, der von

---

[1]) Monumenta Erphesfurtensia SS. Rer. Germ. p. 64.
[2]) Waitz in FDG. X, 166; Schaefer in HZ. LXXVI, 397.
[3]) Siehe oben S. 64.
[4]) Man beachte den Plural.

dem beharrlichen Ungehorsam handelt, genau entsprechend werden in den Erfurter Annalen die Worte *evidentibus indiciis* durch das folgende *presenciam sui regie maiestati iam diu animose subtrahens* erläutert[1]). Im mittelalterlichen Sprachgebrauch wurde nicht zwischen dem Vergehen gegen den Kaiser und dem Vergehen gegen das Reich unterschieden[2]): wer sich als unbotmäßig gegen den Kaiser, als *reus maiestatis*, erwies, konnte zugleich als *hostis imperii* bezeichnet werden, zumal wenn er wie hier außer dem Kaiser auch die Untertanen beleidigt hatte als *improbus multarum invasor ecclesiarum et violentus ubique oppressor Christi pauperum*. Neben den Gewalttaten erscheint so, wie ich wenigstens die Worte verstehe, hier nur der gerichtliche Ungehorsam als Grund der Verurteilung.

Allerdings kann ich, wieder abweichend von Waitz, dem Zeugnis des Erfurter Annalisten an sich keine große Bedeutung beilegen; denn das Zeugnis enthält, wie ich weiter unten zeigen werde, irrige Angaben[3]).

Eine Erwähnung des gerichtlichen Ungehorsams findet sich noch in verschiedenen Quellen, so z. B. bei einem anderen Erfurter Chronisten[4]) *illo presenciam sui subtrahente utroque ducatu abdicatur* . . . oder bei Magnus von Reichersberg[5]) *adiudicatum est eum debere removeri, quandoquidem ad iustam responsionem vocatus non venerit*. Aber solche Quellenstellen lassen, wie Waitz mit Recht betont[6]), auch die Auslegung zu, daß Heinrich als *contumax* verurteilt wurde aus

---

[1]) „Allein das enthalten jene Worte nicht" wendet freilich Waitz (in FDG. X, 166 Note 2) ein. Aber ich kann bei dieser Auslegung auch nicht die geringste grammatikalische Schwierigkeit entdecken.

[2]) Siehe oben S. 90.

[3]) Siehe unten in Kapitel 4 S. 169 f.

[4]) Chronica S. Petri Erfordensis moderna in den Monumenta Erphesfurtensia SS. Rer. Germ. p. 190.

[5]) MG. SS. XVII, 506 sq.

[6]) FDG. X, 165 Note 2.

Gründen, unter denen sich nicht der Ungehorsam zu befinden brauchte.

Wichtiger erscheint mir schon die Erzählung des Erfurter Chronisten, daß erst auf den gerichtlichen Ungehorsam des Angeklagten hin der Konflikt mit dem Kaiser ausgebrochen sei[1]): . . . *principes tam pro his quam pro aliis excessibus aures imperatoris adversus ducem crebris querimoniis pulsabant. Unde dux more principum evocatus, cum non veniens nec ab ipsis legatis imperatoris temperasset, iram maiestatis incurrit.* Hiernach handelt es sich, was ja auch der Bericht der Gelnhäuser Urkunde bestätigt, zunächst nur um eine Klage der Fürsten gegen den Herzog; der Anlaß zu dem Eingreifen des Kaisers lag erst in dem Nichterscheinen des Herzogs.

Daß der gerichtliche Ungehorsam geradezu der Grund der Verurteilung war, das geht ferner aus der Schilderung Arnolds von Lübeck hervor. Ich meine hier nicht die Worte, die Arnold in eine spätere Rede des Kaisers eingeschaltet hat[2]): . . . *propter suam contumaciam decreto omnium principum publicam proscriptionem meruit*; sondern ich meine vielmehr seine vorausgehende ausführliche Darstellung des Prozesses[3]): auf dem dritten Gerichtstag, der gegen Heinrich abgehalten wurde, habe der Kaiser die Fürsten befragt, *quid iustitia super hoc decernat, quod tertio legitime vocatus iudicium declinaverit et per contemptum ad audientiam suam venire noluerit. Cui ex sententia principum responsum est, quod dictante iustitia omni sit honore destituendus* . . ., und daraufhin sei das Urteil gefällt worden. Diese Quellenstelle läßt meines Erachtens nur die eine Deutung zu: der Grund der Verurteilung war das Nichterscheinen vor Gericht,

[1]) Monumenta Erphesfurtensia SS. Rer. Germ. p. 188 sq.
[2]) Lib. II cap. 21 (MG. SS. XXI, 140 und SS. Rer. Germ. p. 64).
[3]) Lib. II cap. 10 (MG. SS. XXI, 133 und SS. Rer. Germ. p. 48).

und zwar führt dies Arnold als Grund der Verurteilung an, nachdem er vorher die Hochverratsklage als eine Episode erwähnt hat.

Der Bericht des Pegauer Annalisten weicht von dem Arnolds in fast allen Einzelheiten ab. Um so auffälliger ist die Übereinstimmung: auch der Pegauer Annalist bezeichnet den gerichtlichen Ungehorsam als den Grund der Verurteilung. Die klaren Worte des Annalisten lauten[1]: *... curiam habuit in Wirciburg, ad quam dux Heinricus vocatus non venit, et ideo ex sententia principum reus maiestatis adiudicatur*, Worte, die ebenso unzweideutig von dem jüngeren Lauterberger Chronisten wiedergegeben werden[2]: *... vocatus venire renuit. Quamobrem ex sentencia omnium principum reus maiestatis dampnatus est.* Zieht man hierzu in Erwägung, daß die Bezeichnung von *reus maiestatis* für den vor Gericht Nichterschienenen damals gebräuchlich war[3], so läßt sich das *ideo* des Pegauer Annalisten nur so verstehen, daß dadurch der vorausgehende Satz verknüpft wird nicht nur mit dem *adiudicatur*, sondern auch mit dem *reus maiestatis*: der Angeklagte galt als *reus maiestatis*, weil er vor Gericht nicht erschienen war — d. i. genau dieselbe Auslegung des *reatus maiestatis*, die wir im vorigen Kapitel aus dem Wortlaut der Gelnhäuser Urkunde gewonnen haben.

So führen die verschiedenen Zeugnisse der Schriftsteller und die urkundliche Darstellung, unabhängig voneinander, zu demselben Ergebnis: der entscheidende Grund der Verurteilung, der *reatus maiestatis*, kann nur der gerichtliche Ungehorsam gewesen sein.

Daß neben diesem Hauptgrunde der Verurteilung noch Nebengründe bestanden, das lehrt der Ausdruck der Geln-

---

1) MG. SS. XVI, 263.
2) MG. SS. XXIII, 157.
3) Siehe oben S. 62 f. und 67.

häuser Urkunde *pro multiplici contemptu*, der als weiterer Begriff dem engeren *ac precipue pro evidenti reatu maiestatis* vorausgeht. Ich habe schon im Anschluß an Waitz die Vermutung ausgesprochen[1]), daß ein Nebengrund die Hilfsverweigerung von 1175/76 gewesen sei: die Verweigerung der Heeresfolge mußte, zumal wenn sie in beleidigender Form erfolgte, als eine Mißachtung der kaiserlichen Majestät betrachtet werden.

Für diese Auffassung läßt sich vielleicht eine Erzählung Arnolds von Lübeck anführen, in der der Ausdruck *contemptus* wiederkehrt. In einem einleitenden Kapitel bringt nämlich Arnold die Sage von der Begegnung Friedrichs und Heinrichs mit der Geschichte von dem Fußfall und fährt dann fort[2]): *convocatis principibus multa contra Heinricum ducem allegare cepit, quod propter nimium fastum superbie sue tantum imperio contemptum exhibuerit, ut ...... despecta re publica et auctoritate imperatorie maiestatis neglecta omne auxilium obstinato animo ei negaverit. His auditis principes ...... reum imperatorie maiestatis proclamabant, non solum quia precepta vel monita ipsius despexisset, sed quod ad ignominiam omnium principum in propria eum persona humiliatum confudisset.* Diese phantastische Schilderung, die Arnold seinem nüchternen Bericht über den Prozeßverlauf vorausschickt, scheint freilich später als jener Bericht abgefaßt zu sein; jedenfalls ist sie weit weniger zuverlässig, da sie die Sage von der Begegnung und dem Fußfall enthält. Immerhin bleibt auch hier, wenn man die Sage beiseite läßt, ein vielleicht nicht unglaubwürdiger Kern, nämlich die Nachricht, daß die Verurteilung mitbegründet wurde durch die Hilfsverweigerung des hochmütigen Herzogs[3]).

---

[1]) Siehe oben S. 65. Waitz in FDG. X, 164.

[2]) MG. SS. XXI, 128 und SS. Rer. Germ. p. 38 sq. (lib. II cap. 2).

[3]) Allerdings wird der Vorgang der Hilfsverweigerung und des Konfliktes bei Arnold gar nicht mit den Ereignissen von 1175/76 in Verbindung gebracht (siehe S. 16 f.).

Die Worte der Urkunde *pro multiplici contemptu* lassen es zweifelhaft erscheinen, ob nur die eine Hilfsverweigerung von 1175/76 gemeint ist. Die eine Hilfsverweigerung, die vielleicht erst nach einer mehrfachen Aufforderung des Kaisers erfolgte[1]), konnte wohl zusammen mit dem andauernden gerichtlichen Ungehorsam als *multiplex contemptus* bezeichnet werden. Vielleicht liegt aber in dem Ausdruck noch eine weitere Anspielung auf die Versäumnis des Heereszuges von 1174 oder auch auf einen anderen Vorgang: nach einer Nachricht des Erfurter Chronisten scheint sich Heinrich bei einer der gerichtlichen Vorladungen ungebührlich gegen die Gesandten des Kaisers benommen zu haben[2]).

Die Verurteilung Heinrichs des Löwen wurde nach der Gelnhäuser Urkunde begründet einerseits durch das Vergehen gegen die Fürsten und Edlen, andererseits durch das Vergehen gegen den Kaiser. Das Vergehen gegen die Fürsten bildeten die Gewalttaten des Angeklagten. Das Vergehen gegen den Kaiser war in erster Linie der offenkundige gerichtliche Ungehorsam, der nach den Anschauungen jener Zeit schon allein vollständig genügte, um die Schuld des Majestätsverbrechens zu erweisen; daneben wurde zur Begründung des Urteils noch auf andere Beleidigungen der kaiserlichen Majestät hingedeutet, hierbei vielleicht auch auf Unbotmäßigkeiten wie die Verweigerung der Heeresfolge. Dagegen wurde der Hochverrat nicht als Grund für die Verurteilung angeführt: die Hochverratsklage, für die wohl kein sicheres Beweismaterial existierte, wurde ohne Auftrag des Kaisers von einem Heinrich persönlich ver-

---

1) Siehe oben S. 31 Note 3.

2) Monumenta Erphesfurtensia SS. Rer. Germ. p. 189: *cum non veniens nec ab ipsis legatis imperatoris temperasset . . .*

feindeten Fürsten vertreten, und sie hat in dem Verlauf des Gerichtsverfahrens keineswegs eine irgendwie entscheidende Rolle gespielt[1]).

[1]) Zu beachten ist freilich, daß die Gelnhäuser Urkunde vor allem das lehnrechtliche Urteil wiedergibt und das Achtverfahren nur streift: für das Achturteil könnte demnach die Hochverratsklage immerhin von einer gewissen Bedeutung gewesen sein, aber auch dort keinesfalls von ausschlaggebender Bedeutung, da die Urkunde die Acht mit der *contumacia* des Angeklagten begründet, indem sie vorher nur seine Gewalttaten gegen die Fürsten erwähnt.

Kapitel 3.

Das Verfahren nach Landrecht und nach Lehnrecht.

Bei Betrachtung des Prozeßverfahrens tritt uns zuerst die Frage entgegen, wie viele Verfahren eingeleitet wurden, und ob diese Verfahren land- oder lehnrechtlicher Natur waren, eine Frage, die uns mitten in die Probleme der Rechtsgeschichte führt.

WEILAND [1]) nimmt nur ein fortlaufendes Verfahren an, das vorwiegend landrechtlich wäre, in das sich jedoch lehnrechtliche Elemente gemischt hätten. Auch WAITZ [2]) vertritt eine ähnliche Ansicht, daß nämlich „eine Verbindung lehn- und landrechtlicher Elemente statthatte, die wir nicht aufzulösen vermögen: man berief sich auf das Lehnrecht als Fundament der ganzen Verurteilung, ohne sich wahrscheinlich selbst klar zu machen, wie weit dies die entscheidenden Normen an die Hand gab". Dagegen hat FICKER [3]) durch scharfe Analyse die land- und lehnrechtlichen Elemente voneinander zu trennen gesucht: er unterscheidet drei Verfahren, zuerst ein landrechtliches, das mit der Acht endete, sodann zwei parallellaufende, von denen das eine lehn-, das andere landrechtlich wäre, das eine zur Aburteilung der Lehen, das andere zur Oberacht führte. Gegen eine „solche Scheidung

---

[1]) FDG. VII, 175 f.
[2]) FDG. X, 159 f.
[3]) FDG. XI, 305 ff.

land- und lehnrechtlichen Verfahrens" hat sich Waitz[1]) in seiner Replik erklärt, und dementsprechend hält Schaefer[2]) an zwei landrechtlichen Verfahren fest, während Klein[3]) und Lucas[4]) wieder auf Fickers Auffassung von drei verschiedenen Verfahren zurückgreifen.

Von vornherein kann ich hier von der Untersuchung das zweite landrechtliche Verfahren ausschließen; denn, wie ich bereits im vorigen Kapitel nachwies, ist Fickers Konstruktion eines Oberachtverfahrens eine unhaltbare Hypothese.

So bleibt nur die Frage, ob und wie in dem Prozeß ein landrechtliches und ein lehnrechtliches Verfahren voneinander zu scheiden sind. Auch für die Beantwortung dieser Frage habe ich schon vorgearbeitet durch die Darlegungen über den *reatus maiestatis*[5]). Wenn man nämlich in der Gelnhäuser Urkunde, um deren Interpretation es sich ja vornehmlich handelt, das Wort *reatus maiestatis* mit „Hochverrat" übersetzen würde, dann müßte man allerdings wohl in dem Prozeß eine Verwirrung der land- und lehnrechtlichen Begriffe annehmen[6]); denn während die Urkunde den *reatus maiestatis* als einen Grund der l e h n rechtlichen Verurteilung hervorhebt[7]), war die Hochverratsklage mit der

---

[1]) FDG. XI, 318 Note 1.

[2]) HZ. LXXVI, 402 ff.

[3]) Jahresbericht des städtischen Realgymnasiums in Swinemünde 1902/3 S. 23 ff.

[4]) Zwei kritische Untersuchungen zur Geschichte Friedrichs I. S. 28 ff.

[5]) Siehe oben S. 62 ff. und 98 ff.

[6]) Dies ist die Meinung von Weiland und Waitz; dagegen verfällt Ficker auf den nicht gangbaren Ausweg, ein Oberachtverfahren zu konstruieren: die Behauptung (in FDG. XI, 313), daß „nach der Urkunde doch ein doppeltes landrechtliches Verfahren sicher anzunehmen ist", beruht im letzten Grunde nur auf der falschen Interpretation des *reatus maiestat s*, die Ficker erst von Waitz übernommen hat.

[7]) Hierüber siehe weiter unten S. 114 ff.

Herausforderung zum Zweikampf ein Bestandteil des l a n d-rechtlichen Verfahrens [1]). Legt man dagegen, wie ich es im Anschluß an die ältere Ansicht FICKERS tue, den *reatus maiestatis* als gerichtlichen Ungehorsam aus, dann läßt sich die Scheidung eines landrechtlichen und eines lehnrechtlichen Verfahrens ohne jede Schwierigkeit durchführen. Hierfür will ich nunmehr im einzelnen den Beweis erbringen in einer Reihe rechtsgeschichtlicher Betrachtungen, zu denen mir der Wortlaut der Gelnhäuser Urkunde den Ausgangspunkt liefern soll.

Der urkundliche Bericht trennt zwei Rechtsverfahren so deutlich wie nur irgend möglich voneinander: in dem zuerst erwähnten Verfahren ist von e i n e r Ladung (*citatione vocatus*) [2]), in dem anderen Verfahren von einer dreimaligen Ladung (*trino edicto . . . citatus*) die Rede; in dem einen Verfahren werden als Urteiler die schwäbischen Fürsten (*principum et sue conditionis Suevorum . . . sententiam*) [3]) hervorgehoben, in dem anderen die Fürsten ohne Unterschied (*unanimem principum sententiam*) genannt; das eine Verfahren schloß mit dem Achtspruch (*proscriptionis sententiam*), das andere mit der Entziehung der Lehen (*beneficia . . . abiudicata sunt*). Aufs schärfste sind so zwei Verfahren mit zwei verschiedenen Urteilen einander gegenübergestellt.

Ob das eine Verfahren gleichzeitig mit dem anderen oder ob das eine vor dem anderen eingeleitet wurde, ob insbesondere die Ladung des einen Verfahrens mit einer der Ladungen des anderen Verfahrens zusammenfiel oder nicht, das ist aus der Darstellung der Urkunde nicht zu ersehen. Sicher ist aber, daß das eine Urteil vor dem anderen gefällt wurde. Nach dem Wortlaut kann hierüber gar kein Zweifel bestehen; denn das

---

1) Siehe oben S. 88 Note 3.
2) Hierüber handle ich ausführlicher unten S. 125 ff.
3) Vgl. oben S. 68 ff.

eine Urteil, das nebenbei in einem Kausalsatz erwähnt wird, bildet nur ein Glied in der Kette der Gründe für das andere Urteil, muß also diesem vorausgegangen sein.

Das zuerst erwähnte Verfahren war ein landrechtliches. Gegenstand der Klage waren die Gewalttaten Heinrichs gegen Fürsten und Edle. Als Grund der Verurteilung wird die *contumacia* des Angeklagten angegeben, d. i. sein Nichterscheinen vor Gericht, durch das die Klage der Fürsten als erwiesen galt. Das Urteil, das gefällt wurde, war die Acht, die nur im Landrecht, nicht im Lehnrecht vorkommt. Unter den Fürsten, die das Urteil sprachen, werden schwäbische Stammesangehörige des Angeklagten hervorgehoben, was ebenfalls nur im Landrecht möglich ist, da das Lehnrecht keine Stammesunterschiede kennt.

Die Angaben der Urkunde bestätigen und ergänzen hier auf das glücklichste unsere oft mangelhafte Kenntnis des mittelalterlichen Gerichtsverfahrens.

Was zunächst die Art der Urteilsfällung betrifft, so wurde die kaiserliche Acht im gewöhnlichen Fall im lokalen Gericht durch den Herzog oder Grafen ausgesprochen [1]). War jedoch der Angeklagte nicht ein schlichter Mann, sondern ein Fürst, dann kam der Prozeß vor das Hofgericht. Die Zusammensetzung des Urteilerkollegiums am Hofgericht wechselte und war mit davon abhängig, wer zufällig am Hofe weilte.[2]) Aber wie es als Rechtsgrundsatz galt, daß ein jeder möglichst durch seinesgleichen zu richten war [3]),

---

[1]) Vgl. z. B. die Constitutio contra incendiarios vom Dezember 1186 (MG. Const. I, 450 Nr. 318 § 2): *Quod si aliquis in ducatu alicuius incendium fecerit, ipse dux proscriptum nostrum eum pronuntiet ac deinde iusticie sue auctoritate eum proscribat. Id ipsum faciant marchiones, palatini comites, lantgravii et comites alii* . . ., oder den sächsischen Landfrieden der zwanziger Jahre des 13. Jahrhunderts (MG. Const. II, 395 Nr. 280 § 16): *comes denunctiabit eum et sequaces suos in proscripcione domini imperatoris.*

[2]) Siehe Franklin, Das Reichshofgericht im Mittelalter II, 125 ff.

[3]) Waitz, Deutsche Verfassungsgeschichte VIII, 19.

so besaßen die Fürsten das Vorrecht, daß sie nur durch fürstliche Standesgenossen abgeurteilt werden konnten [1]).

Bei landrechtlichen Prozessen war es überdies erforderlich, daß unter den Urteilern sich auch Stammesangehörige befanden. Bereits zur Zeit der Ottonen und Salier wurden Urteile nach bestimmten Stammesrechten gesprochen: *secundum Saxonicam legem, secundum legem Bavariorum, sicut docet lex Alemannorum etc.* [2]). Aus der Erwähnung solcher Stammesgesetze ergibt sich die Anwesenheit von Stammesgenossen, die Recht und Sitte, nach denen geurteilt wurde, kannten. Außerdem wird diese Anwesenheit von Stammesgenossen verschiedentlich auch direkt hervorgehoben. Berühmt sind namentlich zwei Fälle aus der Zeit Heinrichs IV [3]): über Otto von Nordheim saßen im Jahre 1070 nach dem Bericht Lamberts [4]) zu Gericht *principes Saxonie, quod ex his oriundus esset*; und gegen Ekbert von Meißen sprachen nach einer Urkunde Heinrichs vom 7. Februar 1086 das Urteil *illius comprovinciales tam Saxones quam Thuringi cum ceteris principibus nostris*, bzw. nach einer anderen Urkunde Heinrichs vom 3. April 1086 *comprovinciales eius Saxones et Thuringi presentibus nobis et principibus nostris* oder nach einer Urkunde vom 1. Februar 1089 *congregati principes Saxonie et Thuringie et aliorum regnorum* [5]). Aus der Zeit Friedrichs I. verweise ich dann auf die Verurteilung des Pfalzgrafen Hugo von Tübingen, die Anfang März 1166 zu Ulm erfolgte; am ausführlichsten erzählt davon ein späterer

---

[1]) Siehe Exkurs I.

[2]) Franklin, Das Reichshofgericht II, 129 Note 2; Waitz, Deutsche Verfassungsgeschichte VIII, 18 Note 5.

[3]) Außer Franklin und Waitz siehe noch Weiland in FDG. VII, 188 und Scheffer-Boichorst, Zur Geschichte des 12. und 13. Jahrhunderts S. 199 f.

[4]) SS. Rer. Germ. p. 114.

[5]) Stumpf 2879. 2880. 2893. Codex diplomaticus Saxoniae regiae Bd. I (ed. O. Posse) p. 344. 345. 350.

Schriftsteller, Otto von S. Blasien[1]), der in diesem Fall wohl auf gute zeitgenössische Nachrichten zurückgeht: *generalis curia in quadragesima apud Ulmam principibus indicitur. Quo Welf dux cum fratruele suo Heinrico duce Saxonie et Bawarie et Bertolfo duce de Zaringin ac multis aliis terre maioribus perveniens* . . . Daß es sich damals in der Tat um eine Versammlung namentlich schwäbischer Fürsten handelte, das bestätigen die uns überlieferten Zeugenreihen zweier Kaiserurkunden[2]), in denen neben den welfischen Herzögen und dem Staufer Friedrich von Schwaben noch die schwäbischen Grafen von Pfullendorf, von Dillingen, von Berg und von Kirchberg genannt werden[3]). Wie dort vornehmlich schwäbische Fürsten, so waren drei Wochen später bei der Ächtung des Salzburger Erzbischofs zu Laufen fast ausschließlich bayrische Fürsten zugegen[4]); und so ließen sich noch viele andere Beispiele anführen[5]). Es entsprach demnach einem alten Rechtsbrauch, wenn bei der Ächtung Heinrichs des Löwen schwäbische Stammesangehörige anwesend waren.

Für die Frage, nach welchem Rechtsgrundsatz die Stammesangehörigkeit festgestellt wurde, ist gerade der Fall Heinrichs besonders lehrreich[6]). Bekanntlich war Heinrich Herzog von Sachsen und Bayern, und das Geschlecht der

---

[1]) MG.SS. XX, 311 cap. 19.

[2]) Stumpf 4066. 4067.

[3]) Außerdem werden noch mehrere geistliche Fürsten und Adlige erwähnt; von nicht schwäbischen Fürsten nur Pfalzgraf Otto von Wittelsbach. Über schwäbische Fürstengeschlechter vgl. Staelin, Wirtembergische Geschichte II, 227 ff.

[4]) Stumpf 4067a. Vgl. Giesebrecht, Geschichte der deutschen Kaiserzeit V, 503 Note; VI, 454 f.

[5]) Beispiele siehe bei Franklin, Das Reichshofgericht im Mittelalter II, 69. Be Auswahl der Beispiele, die bei Franklin angeführt werden, ist darauf zu achten, ob es landrechtliche Verfahren waren.

[6]) Vgl. hierzu G. Homeyer, Über die Heimat nach altdeutschem Recht, insbesondere über das Hantgemal (Berlin 1852) S. 51 ff.

Welfen stammte aus Bayern; trotzdem galten die Welfen, und so auch Heinrich, als Schwaben, weil sie in Schwaben den Stammsitz Altdorf oder Ravensburg hatten, nach dem die Mitglieder der Familie den Namen führten [1]). Die Stammesangehörigkeit weltlicher Fürsten wurde hiernach nicht durch die Lage des Fürstentums, auch nicht durch das Geburtsland des Fürsten oder die Herkunft der Familie bestimmt, sondern allein durch die Lage des Stammsitzes [2]). Bei geistlichen Fürsten mochten sich da freilich Abweichungen ergeben, auf die ich hier nicht näher eingehen kann [3]).

Es entsteht die weitere Frage, ob die Anwesenheit von Stammesangehörigen genügte oder ob landrechtliche Urteile in der Stammeslandschaft gesprochen werden mußten: auch diese Frage wird durch den Prozeß Heinrichs des Löwen geklärt. Wie Arnold von Lübeck erzählt [4]), erhob nämlich Heinrich gegen das Achturteil den Einwand, daß er nicht in Schwaben gerichtet worden sei: *Dux autem iniuste de se iudicatum esse affirmabat, dicens se de Suevia oriundum, et nullum proscriptione dampnari posse, nisi convictum in terra nativitatis sue.* Diese Erzählung erscheint mir durchaus glaubwürdig [5]), da sie eine besondere Erklärung für die Worte

---

[1]) So noch bei Otto von Freising Gesta Friderici lib. II cap. 2 (SS. Rer. Germ. p. 83).

[2]) Ein anderes tr ffendes Beispiel bietet der Prozeß Ottos von Nordheim, der, obgleich er Herzog von Bayern war, als Sachse gerichtet wurde, weil sein Stammgut Nordheim in Sachsen lag: siehe Franklin, Das Reichshofgericht im Mittelalter I, 33 Note 1.

[3]) Zu untersuchen wäre auch, ob und wann weltliche Fürsten am Gericht über geistliche teilnahmen, und umgekehrt geistliche Fürsten am Gericht über weltliche. Diese und andere Fragen werden von Franklin (Reichshofgericht II, 71 und 131 ff.) gestreift, aber nicht gelöst.

[4]) Lib. II cap. 10: MG. SS. XXI, 133 und SS. Rer. Germ. p. 49.

[5]) Weiland (in FDG. VII, 188) hat hier die Glaubwürdigkeit Arnolds ohne zureichenden Grund angezweifelt. — Wenn dagegen Burchard von Ursperg (MG.SS. XXIII, 357 und SS. Rer. Germ. p. 53) erzählt, Fürsten hätten behauptet, *ut imperator ducem condempnare*

der Gelnhäuser Urkunde *sue conditionis Suevorum* liefert, und da sie vor allem einer wirklich zu jener Zeit schwebenden Rechtsfrage entspricht. Denn in der Tat sind damals die meisten landrechtlichen Urteile im Stammland der Angeklagten gesprochen worden[1]). Es handelt sich hier um eine Gewohnheit, die freilich schon dadurch erklärbar ist, daß die Stammesangehörigen, die ja im Gericht anwesend sein mußten, sich am leichtesten in ihrem Stammland versammeln konnten. Aber es läßt sich doch weiter feststellen, daß diese Gewohnheit vielfach als ein zu Recht bestehender Brauch aufgefaßt wurde[2]): so berichtet in der ersten Hälfte des 12. Jahrhunderts ein sächsischer Annalist von einer Ächtung mit den Worten *proscribitur in terra ipsorum, scilicet Salica, more antiquorum*[3]); und in einem Achtprozeß von 1222, in welchem bayrische Angeklagte zu Worms verurteilt wurden, erklärt dies König Heinrich zwar für erlaubt, aber mit der Begründung, daß der Kläger ein Kreuzfahrer war *non obstante eo quod in Babaria terra non exstitimus, presertim cum crucesignatorum privilegium hanc legem excludat*[4]). Hier, in einer Urkunde von 1222, wird also die Rechtsprechung im Stammland geradezu als ein Gesetz bezeichnet, wobei wegen der Worte *presertim cum* nur zweifelhaft sein kann, ob das Gesetz damals auch unbedingt in Geltung war. Jedenfalls

---

non posset vel terras suas abiudicare, nisi infra terras ducis placitum statueret, so ist eine solche Erzählung allerdings sicher irrig, da es sich nur um das Stammland Schwaben, nicht um die *terrae ducis* gehandelt haben kann. Vgl. FRANKLIN, Das Reichshofgericht im Mittelalter I, 93 Note 1.

[1]) Beispiele siehe bei FRANKLIN, Reichshofgericht II, 69.

[2]) So FRANKLIN a. a. O. und WAITZ, Deutsche Verfassungsgeschichte VI (2. Aufl. bearbeitet von SEELIGER) S. 612 Note 1. Anderer Ansicht ist WEILAND in FDG. VII, 187 f.; siehe dazu auch SCHROEDER in HZ. XLIII, 47 und Lehrbuch der deutschen Rechtsgeschichte (5. Aufl.) S. 560.

[3]) Annalista Saxo MG.SS. VI, 770.

[4]) MG. Const. II, 392 Nr. 278.

beweisen die Worte, daß die Sitte sogar noch im 13. Jahrhundert als ein Rechtsbrauch betrachtet werden konnte. Und es ist daher mehr als wahrscheinlich, daß auf Grund dieses Rechtsbrauches Heinrich der Löwe wirklich den Einwand, von dem Arnold von Lübeck erzählt, erhoben hat. Aber wenn Heinrich so die Rechtsfrage aufwarf, dann ist sie doch zweifellos gegen ihn entschieden worden: wie nämlich die Worte der Gelnhäuser Urkunde *principum et sue conditionis Suevorum* lehren, wurde nur die Anwesenheit von Stammesangehörigen als erforderlich anerkannt, und hiermit war der Anspruch auf eine Rechtsprechung im Stammland zurückgewiesen.

Was schließlich den Urteilsspruch selbst betrifft, so war die Acht (*proscriptio*) ein Ungehorsamsbann, der zur Voraussetzung hatte, daß das Gericht des Beklagten nicht habhaft war. Eine Folge der Acht war die Anwendung von Waffengewalt: die Reichsheerfahrt gegen den Geächteten. Aber diese Folge trat erst mit der Oberacht ein, dem endgültigen Bann, während die Acht zunächst nur die Bedeutung eines provisorischen Bannes besaß. Die Unterscheidung von Acht und Oberacht war, wie ich im vorigen Kapitel zeigte [1]), bereits zu jener Zeit gebräuchlich. So wurde im Prozeß Heinrichs des Löwen zunächst nur die einfache Acht verhängt [2]), was man schon daraus ersehen kann, daß in der Gelnhäuser Urkunde noch nach dem Achtspruch von der Aburteilung der Lehen die Rede ist, während bei sofortiger Verhängung der Oberacht, der vollständigen Rechtlosigkeit, der Verlust der Lehen schon miteingeschlossen gewesen wäre.

---

[1]) Siehe S. 77 f.

[2]) Franklin (Das Reichshofgericht im Mittelalter II, 239/40 Note) und Ficker (Forschungen zur Reichs- und Rechtsgeschichte Italiens I, 183 § 85 Note 4) vertraten die Ansicht, daß nicht die Acht, sondern sogleich die Oberacht oder Friedlosigkeit gegen Heinrich verhängt worden sei. Diese Ansicht ist später von Ficker (in FDG. XI, 305) wieder aufgegeben worden.

Es ist demnach zweifellos, daß hier das landrechtliche Verfahren, soweit die urkundliche Darstellung reicht, seinen Abschluß in der Acht, nicht in der Oberacht fand.

Das andere Verfahren, von dem uns die Urkunde berichtet, wird auf das deutlichste als ein lehnrechtliches charakterisiert: *feudali iure* erfolgten die Ladungen [1]); Urteiler waren die Fürsten ohne Unterschied des Stammes; das Urteil lautete auf Aberkennung der Herzogtümer und der sonstigen Lehen [2]). Das Urteil wurde begründet durch Heinrichs Gewalttaten, die zugleich auch Gegenstand des landrechtlichen Verfahrens waren, und außerdem durch die dem Kaiser erwiesene Mißachtung, insbesondere den *reatus maiestatis*.

Ficker [3]) hat dieses Verfahren als ein rein lehnrechtliches bezeichnet. Aber ihm stoßen doch hierbei verschiedene „Bedenken" auf: so erscheint ihm auffällig, „daß die Ladung wegen Klagen erfolgte, bezüglich deren das Urteil nicht dem Lehnsgericht zustand"; und nicht minder auffällig findet er, daß jene Klagen „auf landrechtlichem Wege eine viel weitergehende Verurteilung gestatteten" und so ein „lehnrechtliches Vorgehen ganz überflüssig machten" [4]). Mit Aufwand von vielem Scharfsinn sucht er diese Bedenken zu zerstreuen: die Hervorhebung landrechtlicher Momente im lehnrechtlichen Verfahren erklärt er durch die Erwägung, man habe betonen wollen, daß man nicht um geringfügiger Veranlassungen willen gegen den Herzog so streng vorging; und gegen die Überflüssigkeit des lehnrechtlichen Verfahrens wendet er ein, daß das landrechtliche Urteil, das nicht in

---

1) Hierüber siehe noch weiter unten S. 125 ff.

2) Trotz alledem vertritt Schaefer (in HZ. LXXVI) die Ansicht, daß auch dieses Verfahren ein landrechtliches gewesen sei.

3) FDG. XI, 308 ff.

4) FDG. XI, 309.

der Heimat des Angeklagten gesprochen wurde, möglicherweise anfechtbar war und vielleicht aus einem solchen Grunde durch ein unanfechtbares lehnrechtliches Urteil ergänzt werden sollte [1]).

Ob diese Lösungen als ausreichend gelten dürfen, läßt sich füglich bezweifeln. Aber ich brauche hierauf nicht einzugehen; denn ich bin der Meinung, daß FICKER Schwierigkeiten sieht, die gar nicht vorhanden sind.

Die irrige Übersetzung des *reatus maiestatis*, die FICKER von WAITZ übernommen hat, dient ihm als Basis für die Konstruktion seines Oberachtverfahrens: leugnet man dieses Oberachtverfahren [2]), dann braucht man die Notwendigkeit des lehnrechtlichen Verfahrens nicht mehr zu verteidigen [3]). Wie ich hier die Grundanschauung, von der FICKER ausgeht, nicht für richtig halte, so bestreite ich auch die Prämisse, daß das Lehnsgericht für die angegebenen Klagen nicht zuständig gewesen sei.

Vor FICKER hat schon WEILAND [4]) den Satz aufgestellt: „Die Anklagepunkte, Hochverrat und Unterdrückung der Großen, hatten mit dem Lehnrecht nichts zu tun.“ Demgegenüber weise ich zunächst darauf hin, daß der *reatus maiestatis*, der in der Urkunde erwähnt wird, nicht als Hochverrat, sondern als gerichtlicher Ungehorsam auszulegen ist [5]), daß ferner unter den Klagepunkten der Großen sich auch der Streit um die Lehen der Halberstädter Kirche befand [6]). Aber ich will mich nicht auf solche Einwände beschränken, sondern weitergehend die Frage aufwerfen, ob wirklich die

---

[1]) FDG. XI, 317.

[2]) Siehe das vorausgehende Kapitel S. 77—88.

[3]) Hierüber weiter unten S. 124 f.

[4]) FDG. VII, 170.

[5]) Siehe S. 62 ff. Der gerichtliche Ungehorsam konnte als Ungehorsam gegen den obersten Lehnsherrn wohl ein lehnrechtliches Delikt sein.

[6]) Vgl. S. 76.

Auffassung von WEILAND und FICKER richtig ist, daß das Lehnsgericht nur bei dem engen Kreis von Klagen, die sich auf das Lehnsverhältnis bezogen, in Funktion zu treten pflegte.

Daß es lehnrechtliche Delikte gab, die nur lehnrechtlich verfolgbar waren, soll selbstverständlich nicht bestritten werden; denn die uns erhaltenen lehnrechtlichen Aufzeichnungen, Gesetze und Rechtsbücher, handeln ja gerade von derartigen Fällen, die ein besonderes lehnrechtliches Interesse besaßen. Aber die Frage ist, ob hiermit die Kompetenz des Lehnsgerichtes erschöpft war. Um diese Frage zu beantworten, genügt es meines Erachtens nicht, die überlieferten Rechtsaufzeichnungen nachzuprüfen, sondern man muß außerdem einzelne Prozesse als Beispiele heranziehen.

Auf die Prozesse der vorstaufischen Zeit gehe ich hier nicht ein; denn abweichend von FRANKLIN glaube ich nicht, daß das lehnrechtliche Verfahren schon im 11. Jahrhundert so wie in den späteren Jahrhunderten ausgebildet war [1]).

Aus der staufischen Zeit könnte vielleicht der Prozeß Heinrichs des Stolzen als erstes Beispiel dienen [2]). Schon bald nach der Thronbesteigung Konrads III. wurde Heinrich unter Anklage gestellt: im Sommer 1138 wurde er in Würzburg geächtet, am Ende desselben Jahres, zu Weihnachten, wurde ihm in Goslar das Herzogtum Bayern [3]) abgesprochen: ... *iudicio principum apud Herbipolim proscribitur, ac proxima nativitate domini Goslariensi in palatio ducatus ei abiudicatur*[4]). In diesem Fall lassen sich also zwei ver-

[1]) Hierüber siehe Exkurs II.

[2]) Vgl. FRANKLIN, Reichshofgericht im Mittelalter I, 87; GIESEBRECHT, Geschichte der deutschen Kaiserzeit IV, 177 ff. und 460; BERNHARDI, Jahrbücher des Deutschen Reiches unter Konrad III. Bd. I, 55 Note 13, und 66 Note 39; J. JASTROW, Die Welfenprozesse und die ersten Regierungsjahre Friedrich Barbarossas in DZG. X, 72 ff.

[3]) Hierüber siehe insbesondere GIESEBRECHT a. a. O. IV, 460.

[4]) Otto von Freising Chronicon lib. VII cap. 23: MG.SS. XX, 260 (SS. Rer. Germ. p. 322). Vgl. dazu Monumenta Welforum

schiedene Rechtsverfahren mit zwei aufeinanderfolgenden Urteilssprüchen unterscheiden: vermutlich war das erste ein land-, das zweite ein lehnrechtliches [1]). Allerdings liegt uns nur die eine dürftige Quellennachricht vor; aber soweit man hiernach überhaupt urteilen kann, verlief der Prozeß durchaus nicht so willkürlich, wie dies neuere Forscher meist angenommen haben [2]). Der Anlaß zu dem Prozeß war die Weigerung Heinrichs, dem Könige zu huldigen.

Weit klarer läßt sich der Rechtscharakter eines etwas späteren Prozesses aus der ersten Regierungszeit Friedrichs I. feststellen: ich meine den Prozeß Wittekinds von Schwalenberg, den Heinrich der Löwe als Gerichtsherr auf Klage Wibalds von Korvei führte [3]). Hier sind wir nicht auf anfechtbare Berichte von Schriftstellern angewiesen, sondern der Urteilsspruch ist uns in einem Briefe Heinrichs des Löwen überliefert, und außerdem erhalten wir aus anderen Briefen noch genaue Kunde über den Anlaß zu dem Rechtsverfahren [4]). Wittekind hatte den Grafen Dietrich von Höxter, den Vogt Wibalds von Korvei, erschlagen. Das Urteil, das Heinrich im Jahre 1157 zu Korvei fällte, lautete auf Landesverweisung und Zahlung einer Geldbuße. Aber neben diesem offenbar landrechtlichen Urteil war noch ein

---

antiqua, MG.SS. XXI, 467 (SS. Rer. Germ. p. 32) und Burchardi et Cuonradi Urspergensium Chronicon, MG.SS. XXIII, 343 (SS. Rer. Germ. p. 17).

[1]) Wenigstens läßt sich sogleich darauf in der Epoche Friedrichs I. die scharfe Unterscheidung von lehn- und landrechtlichem Verfahren nachweisen.

[2]) So namentlich Jastrow in DZG. X, 78. Auch die anderen Forscher mengen hier die Rechtsverfahren durcheinander.

[3]) Vgl. Giesebrecht, Geschichte der deutschen Kaiserzeit V, 99. VI, 349; Simonsfeld, Jahrbücher des Deutschen Reiches unter Friedrich I., Bd. I, 111 ff. 481 f. 528 f.

[4]) Wibaldi epistolae ed. Jaffé, Bibliotheca rerum Germanicarum Bd. I Nr. 384. 385. 388. 389. 390. 391. 446. 462.

lehnrechtliches ergangen, da außerdem die Rücklieferung der Burg Dasenberg erwähnt und in dem Zusammenhang ausdrücklich betont wird, daß der Angeklagte seine Lehen nach Lehnrecht verloren habe. Die Worte in Heinrichs Bericht an den Kaiser lauten [1]): *Omnem Teutonicam terram, quam nobis Renus dividit, foriuravit; ad festum sancti Iacobi transiturus, nec unquam nisi mea vocatione reversurus; prius autem domno abbati Corbeiensi nec non viduae et pupillis Theoderici comitis, quem occidit, secundum consilium et preceptum meum satisfaciet et placabit. Castrum meum Dasenberch, remota omni conditione vel verbo gratiae, recepi; sicque is, qui prius beneficia sua beneficiali iure a me perdidit, hoc quoque dimisit.* Aufs deutlichste ist hier von dem landrechtlichen das lehnrechtliche Urteil geschieden, und zwar scheint das lehnrechtliche vor dem landrechtlichen Urteil ergangen zu sein [2]). Das lehnrechtliche Urteil lautete auf Aberkennung der Lehen. Der Grund der Verurteilung war eine Gewalttat, die mit dem Lehnrecht in keinem Zusammenhang stand.

Es folgt der Prozeß Heinrichs des Löwen mit seinen genauen Angaben. Die Prozesse der nächsten Epoche bieten keinen so sicheren Anhaltspunkt für die Erkenntnis des Gerichtsverfahrens. Erwähnen will ich nur den politisch wichtigen Prozeß gegen Friedrich den Streitbaren von Österreich [3]): auch damals scheint ein land- und ein lehnrechtliches Verfahren geschieden zu sein, so wenigstens nach dem Bericht Hermanns von Altaich [4]): ... *per sentencias principum in curia Auguste celebrata proscribitur et principatuum suorum honore privatur.* Der

---

[1]) Ebendort Nr. 462 (p. 595).

[2]) Weiland in FDG. VII, 172 meint, daß zuerst das land-, dann das lehnrechtliche Urteil gefällt wurde. Mir scheint sich gerade das Gegenteil aus dem Wortlaut des Briefes zu ergeben.

[3]) Vgl. oben S. 79 f. und S. 97.

[4]) MG.SS. XVII, 392.

Grund der Verurteilung ist nicht klar zu erkennen vermutlich spielte hier der Ungehorsam eine entscheidende Rolle [1]).

Deutlicher erkennbar tritt dagegen das Rechtsverhältnis in dem berühmten Prozeß Ottokars von Böhmen hervor. Durch eine Reihe kritischer Untersuchungen, die in den achtziger Jahren des vorigen Jahrhunderts erschienen [2]), ist hier so weit Klarheit geschaffen, daß auch in diesem Prozeß jetzt zwei Rechtsverfahren scharf gesondert werden können: erstens ein lehnrechtliches Verfahren, welches im Mai 1275 zu Augsburg dadurch seinen Abschluß fand, daß dem Angeklagten alle Lehen aberkannt wurden, sowohl die ihm rechtmäßig gehörenden Länder Böhmen und Mähren, wie auch die von ihm okkupierten Landschaften Österreich, Steiermark, Kärnten, Krain, die Windische Mark und das Egerland; zweitens ein landrechtliches Verfahren, welches etwas später, am 24. Juni 1275, mit der Verkündigung der Acht endete, die sich nach Jahr und Tag, am 24. Juni 1276, in die Oberacht verwandelte. Der Prozeß wurde anhängig gemacht am 19. November 1274 auf dem Nürnberger Reichstag, über dessen Beschlüsse uns ein offizielles Aktenstück

---

[1]) Drei Ladungen sind zu unterscheiden: die erste von Mainz (15. August 1235) nach Augsburg (1. November 1235), die zweite nach Hagenau (6. Januar 1236), die dritte nach Augsburg (Juni 1236). Allerdings zweifelt Franklin (Das Reichshofgericht I, 101) die Rechtskraft der beiden ersten Ladungen an; aber vielleicht handelte es sich um zwei nicht peremtorische Ladungen in einem lehnrechtlichen Verfahren (siehe hierüber weiter unten S. 128 f.).

[2]) Siehe M. Plischke, Das Rechtsverfahren Rudolfs von Habsburg gegen Ottokar von Böhmen (Bonner Dissertation 1885); A. Busson in MJÖG. VII, 674 ff.; A. Bachmann in Zeitschrift für die österreichischen Gymnasien (1887) S. 448 ff.; H. R. v. Zeissberg in Archiv für österreichische Geschichte LXIX (1887); L. Quidde in HZ. LX, 300 ff.; O. Redlich in MJÖG. X, 381 ff., in den Regesta imperii VI Nr. 258. 320a. 372a. 389a. 565a und in seinem Buch Rudolf von Habsburg (1903) S. 232 ff.

vorliegt[1]). In diesem Aktenstück werden zwei Klagen Rudolfs von Habsburg aufgeführt: die eine Klage, daß dem Reiche gehörige Länder (gemeint sind offenbar die österreichisch-kärntnischen Landschaften) mit Gewalt besetzt gehalten werden; die andere Klage, daß Ottokar seine Lehen nicht gemutet habe, obschon Jahr und Tag seit Rudolfs Thronbesteigung verflossen waren. Man glaubt nun heute allgemein, daß die erste Klage, in der Ottokar nicht ausdrücklich genannt wird, nicht Gegenstand des prozessualischen Verfahrens gewesen sei, indem man annimmt, die österreichische Frage, die das Fundament dieser Klage bildete, sei besonderen Verhandlungen mit dem Papste vorbehalten[2]), oder sie sei bereits vor Beginn des Prozesses in den Nürnberger Beschlüssen „endgültig entschieden" worden[3]). Beide Annahmen halte ich für nicht richtig[4]), und zugleich erscheint mir die beiden gemeinsame Auffassung irrig. Das Urteil, das schließlich in Augsburg gefällt wurde, betraf ja zweifellos mit die österreichischen Länder[5]). Und

[1]) MG. Const. III, 59 sqq. Nr. 72.

[2]) So Plischke.

[3]) So Zeissberg und Redlich. Noch weiter geht Bachmann, der in den Nürnberger Beschlüssen eine endgültige Entscheidung auch in der Lehnrechtsfrage erblickt.

[4]) Die Verhandlungen mit dem Papst bezogen sich auf die Schlichtung aller Zwistigkeiten, wobei naturgemäß die österreichische Frage als Kern des Streites besondere Beachtung finden mußte. — Eine endgültige Entscheidung erfolgte zu Nürnberg ebensowenig in der österreichischen wie in der lehnrechtlichen Frage, in der die Worte *ipso lapsu temporis cecidit a iure omnium feodorum suorum* auch noch kein definitives Urteil bedeuteten. Hier wie dort stellten sich die Fürsten zwar prinzipiell auf die Seite des Klägers, wollten aber doch dem abwesenden Angeklagten Gelegenheit zur Verteidigung bieten, da ja trotz der in allgemeinen Sentenzen gefällten Entscheidung die Möglichkeit blieb, daß im Einzelfall der Angeklagte neue Argumente vorbrachte, die seine Schuld milderten oder n Frage stellten.

[5]) Dies geben auch Zeissberg und Redlich zu: siehe Boehmer-Redlich 372a. Auffällig bleibt allerdings das Eingreifen

der Anlaß zu dem Prozeßverfahren lag außer in der lehnrechtlichen auch in der österreichischen Frage. Allerdings darf man, wenn man hierüber Auskunft erhalten will, nicht wie bisher die Nürnberger Beschlüsse allein für sich betrachten [1]), sondern man muß die Worte der Beschlüsse mit denen der Vorladung Ottokars, die uns ebenfalls erhalten ist, in Verbindung bringen und das eine Aktenstück durch das andere zu erklären suchen. In der Vorladung heißt es [2]): *... compareatis, predicto Romanorum regi illustri super iniuriis et manifestis violenciis, quas idem rex sibi et imperio a vobis illatas conqueritur, legittime responsuri.* Mit den *manifestis violenciis* [3]) kann nicht die Lehnrechtsfrage, in der keine Gewalttat vorlag, gemeint sein, wohl aber die Okkupierung der österreichisch-kärntnischen Länder. Man vergleiche den Teil der Beschlüsse, der sich auf jene Okkupierung bezieht: *que bona alii per violenciam detinent occupata* und *iniuriosam violenciam regali*

Rudolfs bezüglich Kärntens, das aber schon nach der Annahme Zeissbergs (a. a. O. S. 46 ff.) nur ein vorläufiges und partielles gewesen ist.

[1]) Die Worte in den Beschlüssen (MG. Const. III, 60 Nr. 72 § 4) *ad ipsius contumaciam reprimendam* und *questionibus regis super contumacia peremptorie responsurum* lassen verschiedene Deutungen zu. Bachmann (a. a. O. S. 451) legt hier *contumacia* in allgemeinem Sinne aus; Redlich (in MJÖG. X, 384) glaubt den Ausdruck nur auf die unmittelbar vorher erwähnte *contumacia* in der Lehnrechtsfrage beziehen zu dürfen (MG. Const. III, 60 Nr. 72 § 3: *contumaciter supersedit* und *per negligenciam vel contumaciam*). Demgegenüber ist meines Erachtens der Ausdruck auf alles Vorausgehende zu beziehen, d. h. nicht nur auf die Lehnrechtsfrage, wo geradezu von *contumacia* die Rede ist, sondern auch auf die österreichische Frage wo das Verhalten Ottokars inhaltlich ebenfalls in *contumacia* bestand: dies ergibt sich klar aus der Vorladung Ottokars, in der an Stelle von *contumacia* sich die Worte *iniuriis et manifestis violenciis* finden.

[2]) MG. Const. III, 61 Nr. 73.

[3]) Man achte auf das Beiwort *manifestis*: hiermit ergriffen die Fürsten auch in der Vorladung schon bis zu einem gewissen Grade für Rudolf gegen Ottokar Partei (vgl. oben S. 120 Note 4).

potencia debeat repellere et iura imperii conservare: auf diese Worte wird augenscheinlich in der Vorladung hingewiesen. Hiernach war Grund der Ladung und Gegenstand des Prozeßverfahrens nicht nur die rein lehnrechtliche Verschuldung des Angeklagten, sondern auch die österreichische Frage [1]).

So dürftig auch das Quellenmaterial für die Lösung rechtsgeschichtlicher Probleme ist, und so zweifelhaft manches Detail eines Einzelfalles noch bleibt, eins scheint sich mir doch aus den besprochenen Parallelfällen mit Sicherheit zu ergeben, daß spätestens seit der Zeit Friedrichs I. ein besonderes lehnrechtliches Verfahren üblich war, welches in Verbindung mit einem landrechtlichen Verfahren stand: das bezeugt aufs klarste der Prozeß Wittekinds von Schwalenberg genau wie der Prozeß Heinrichs des Löwen und der Ottokars von Böhmen; und in allen diesen drei Fällen lag der Anlaß zu dem lehn- wie landrechtlichen Verfahren in Gewalttaten, die mit dem Lehnrechte wenig zu tun hatten.

Schon Franklin hat darauf hingewiesen und Ficker hat ihm zugestimmt [2]), daß der Lehnsverlust, der so häufig in Verbindung mit einem Achturteil erwähnt wird, nicht aus dem Achtverfahren abzuleiten ist, sondern aus einem parallellaufenden lehnrechtlichen Verfahren. Diese rechtshistorisch wichtige Erklärung, die bei den Historikern wenig Beachtung fand [3]), erscheint mir für die Staufer-

---

[1]) Mittelbar hing auch die österreichische Frage mit dem Lehnrecht zusammen, da sie den Besitz von Lehen betraf.

[2]) Franklin, Das Reichshofgericht im Mittelalter II, 238 Note 2; Ficker in FDG. XI, 307. Aber nicht für richtig halte ich Franklins Ansicht, daß der Verlust der Lehen „keine prozessualische Folge des Nichterscheinens" gewesen sei. Es gab ein lehnrechtliches Verfahren, das in prozessualischen Formen verlief, und in diesem Lehnsprozeß gab es auch ein Ungehorsamsdelikt, das den Lehnsverlust zur Folge hatte (siehe oben S. 66 Note 2).

[3]) Vgl. z. B. Bernhardi, Jahrbücher des Deutschen Reiches unter Konrad III, Bd. I, 55; Jastrow in DZG. X, 78: „mit der Ächtung war der Verlust sämtlicher Reichslehen von Rechts wegen verbunden".

zeit[1]) zutreffend, ja sie ist hier noch zu erweitern: das lehnrechtliche Verfahren konnte nicht nur neben einem Achtverfahren stattfinden, sondern auch neben einem anderen landrechtlichen Verfahren; man betrachte den Fall Wittekinds von Schwalenberg, der, da er sich dem Gericht stellte, nicht geächtet werden konnte, der aber trotzdem zugleich land- und lehnrechtlich abgeurteilt wurde.

Eine Ausnahme bildete wohl nur das Oberachtverfahren, das ein besonderes lehnrechtliches Verfahren ausschloß, da ja die Oberacht, d. i. die vollständige Rechtlosigkeit, den Verlust der Lehen mitumfaßte. Bei der Hochverratsklage, die in der Regel ein Oberachtverfahren einleitete, mögen daher die Bestimmungen über die Herausforderung zum Zweikampf rein landrechtliche gewesen sein[2]). Fand aber bei einer Hochverratsklage einmal aus besonderen Gründen keine Herausforderung statt, dann könnte vielleicht der Hochverrat auch als ein lehnrechtliches Delikt aufgefaßt worden sein[3]).

Sieht man von dem Oberachtverfahren ab, so war eine Entziehung der Lehen nur möglich auf dem Wege eines lehnrechtlichen Verfahrens.

Von dieser Auffassung, die im wesentlichen schon Franklin vertreten hat, ist es aber nur noch ein Schritt zu der weiteren Anschauung, daß die Veranlassung zu einem lehnrechtlichen Verfahren nicht in Lehnrechtsstreitigkeiten zu liegen brauchte, daß es bei Einleitung eines Lehnrechtsverfahrens überhaupt nicht so sehr auf die Natur des Anlasses ankam.

Bei der großen Bedeutung, die das Lehnswesen in der Stauferzeit besaß, erscheint eine derartig weite Kompetenz des Lehnsgerichts ja leicht verständlich. Jedes schwerere Ver-

---

[1]) Bezüglich der Salierzeit siehe Exkurs II.

[2]) Siehe oben S. 88 Note 3.

[3]) Die Frage müßte erst noch eingehender untersucht werden. Über den Ausdruck „Hochverrat“ siehe oben S. 76 Note 2.

gehen minderte die Ehre des Lehnsträgers und machte ihn des Lehens unwürdig. Insofern konnte ein Lehnsträger durch jedes schwerere Vergehen lehnrechtlich strafbar werden.

Die Stellung des Lehnsgerichts läßt sich am besten veranschaulichen durch einen Vergleich mit dem Wesen unseres heutigen Disziplinargerichts [1]). Wie der Beamte heutzutage nicht nur dem allgemeinen Strafrecht, sondern überdies noch dem besonderen Disziplinarrecht untersteht, so unterstand im Mittelalter der Lehnsträger nicht nur dem Landrecht, sondern außerdem noch dem Lehnrecht. Hier wie dort gibt oder gab es Delikte, die nur disziplinarrechtlich bezw. nur lehnrechtlich verfolgbar sind oder waren, und wiederum andere Delikte, die allgemein strafrechtlich bezw. landrechtlich und daneben noch disziplinarrechtlich bezw. lehnrechtlich verfolgt werden können oder konnten. Und wie den heutigen Beamten die im Disziplinarverfahren verfügte Amtsentlassung meist empfindlicher trifft als ein daneben ergangenes strafrechtliches Urteil, so traf auch den mittelalterlichen Lehnsträger die Aberkennung der Lehen oft härter als die landrechtliche Verurteilung.

Von besonderer Wichtigkeit mußte das lehnrechtliche Verfahren bei Prozessen der Fürsten sein, wie der Herzöge, deren Macht vor allem im Lehnsbesitz lag. Hier kam es ja meist nur auf die Aburteilung des Lehnsbesitzes, wie der Herzogtümer, an. Vielfach würde daher wohl das lehnrechtliche Verfahren überhaupt genügt haben, wenn die Verurteilten sich dem Urteilsspruch gefügt hätten. Dies war aber bei den politischen Prozessen in der Regel nicht der Fall, und so wurde alsdann neben dem lehnrechtlichen noch ein landrechtliches Verfahren subsidiär eingeleitet, um durch das landrechtliche Achturteil den Ungehorsamen zum Gehorsam

[1]) Auch das ehrengerichtliche Verfahren der Offiziere bietet eine gute Parallele. Natürlich sind solche Vergleiche nur cum grano salis anzuwenden, da sich die Vergleichsobjekte in vieler Beziehung nicht entsprechen.

zu zwingen. Der Schwerpunkt solcher Fürstenprozesse lag demnach fast immer in dem lehnrechtlichen Verfahren, das die eigentliche Strafe bestimmte [1]); das landrechtliche Verfahren hatte daneben meist nur den Zweck, ein prozessualisches Zwangsmittel zu schaffen [2]).

Daß die Gewalttaten Heinrichs des Löwen den Anlaß für die Einleitung eines lehnrechtlichen Verfahrens bildeten, das kann nach alledem nicht mehr im mindesten auffällig erscheinen. Wohl bedarf jedoch noch ein anderer Punkt hier der Aufklärung, daß nämlich neben den Gewalttaten auch der *reatus maiestatis* gerade als Grund der lehnrechtlichen Verurteilung hingestellt wurde. Weshalb ward der *reatus maiestatis*, das Versäumen der prozessualischen Ladungen, ganz besonders nicht in dem land-, sondern in dem lehnrechtlichen Verfahren [3]) betont?

Die Frage läßt sich nur lösen durch eine Untersuchung über den allgemeinen Unterschied der Ladungen nach Land- und Lehnrecht, eine Frage, die bisher überhaupt noch nicht aufgeworfen worden ist, die aber, einmal gestellt, überaus wichtig erscheint, da ja die prozessualischen Ladungen den Ausgangspunkt des ganzen Gerichtsverfahrens bilden.

Daß eine d r e i m a l i g e Ladung nach Lehn- wie nach Landrecht, zumal beim Achtverfahren, erforderlich war und insbesondere im Prozeß Heinrichs des Löwen zur Anwendung kam, das ist die communis opinio doctorum. So schreibt z. B. FRANKLIN [4]): „Wie in den deutschen Gerichten über-

[1]) Auszunehmen sind die Oberachtverfahren.

[2]) Umgekehrt sagt WEILAND in FDG. VII, 172: „Bemerken wir in dem Prozeß . . . wesentlich nur landrechtliche Gesichtspunkte obwaltend, das Lehnrecht nur subsidiär, als Mittel, um eine bestimmte Strafe zu verhängen, eintretend . . .“ Aber auf die Verhängung dieser lehnrechtlichen Strafe kam es gerade in erster Linie an!

[3]) In dem Achtverfahren ist nur kurzweg von *contumacia* die Rede.

[4]) Das Reichshofgericht im Mittelalter II, 217 und 332. Wenn FRANKLIN S. 239 Note meint, daß „in älterer Zeit, wie es scheint,

haupt, so war auch am Hofgericht erst die dritte Ladung peremtorisch." — „Es mag freilich geschehen sein, daß sich der Reichshof an die Beobachtung dieser Förmlichkeit nicht immer gebunden hielt, aber alle Berichte, die wir über Achtprozesse besitzen, insbesondere die Urkunden, erwähnen der dreimaligen Ladung so regelmäßig und so übereinstimmend, daß wir diese konstante Praxis als auf einem unzweifelhaften Rechtsboden beruhend ansehen müssen." Nicht minder sicher drückt sich WAITZ aus[1]): „Unzweifelhaft bedurfte es dreimaliger Ladung oder wenigstens Anberaumung dreier Termine, damit irgendein Urteil gefällt, die Acht verhängt werden konnte." — „Die dreimalige Ladung galt gleichmäßig nach Land- wie nach Lehnrecht." Und GIESEBRECHT, um von vielen hier nur noch einen zu nennen, sagt ebenfalls[2]): „Wer dreimal zitiert sich nicht vor dem Kaiser stellte, war ohne Frage nach Reichsrecht der Acht verfallen."

Wie lassen sich nun aber mit dieser allgemein herrschenden Meinung die Angaben der Gelnhäuser Urkunde vereinigen, in der sich vor dem Achturteil die Worte *citatione vocatus*, vor dem lehnrechtlichen Urteil die Worte *legitimo trino edicto ad nostram citatus audientiam* finden?

WEILAND [3]) und WAITZ [4]) sind der Ansicht, daß es sich in dem Prozeß nur um e i n Verfahren mit einer dreimaligen Ladung handle, daß daher der Ausdruck *citatione vocatus* durch die Worte *trino edicto citatus* wieder aufgenommen

ohne dreimalige Ladung" in die Reichsacht gekündet werden konnte, so hat er offenbar die ältesten Zeiten im Sinn und nicht die Epoche Heinrichs des Löwen, dessen Prozeß er (S. 217 Note 3 und S. 332 Note 2) gerade als Argument für die gegenteilige Auffassung anführt.

[1]) WAITZ in FDG. X, 155 und 159.

[2]) GIESEBRECHT-(SIMSON), Geschichte der deutschen Kaiserzeit VI, 570.

[3]) FDG. VII, 176: „Das *trino edicto ad nostram citatus praesentiam* . . . . . . ist vielmehr ein und derselbe Vorgang, welcher mit den Worten *citatione vocatus* vor der Ächtung erwähnt wird."

[4]) FDG. X, 159 f.

und erläutert werde. Aber in der Urkunde wird die Existenz eines doppelten Verfahrens nicht nur durch die zweimalige Betonung der Ladungen dargetan, sondern außerdem noch durch die Unterscheidung der Urteiler und durch die Verschiedenheit der beiden Urteile, so daß ein Zweifel nach dieser Richtung völlig ausgeschlossen erscheint [1]).

FICKER [2]) sondert schon richtiger die beiden Rechtsverfahren und trennt dementsprechend die Ladungen; aber er nimmt beidemal als selbstverständlich eine dreimalige Ladung an, so nicht nur in dem lehnrechtlichen Verfahren, in dem die Dreizahl urkundlich bezeugt ist, sondern auch in dem Achtverfahren: „es werden die herkömmlichen drei Ladungen erfolgt sein, wenn die Urkunde hier auch keinen Anlaß hat, das besonders hervorzuheben". Zu derselben Meinung bekennt sich SCHAEFER [3]), indem er allerdings irrig auch das zweite Verfahren als ein landrechtliches auffaßt: „Wenn nur beim Abschluß des zweiten (Prozesses) der dreifachen Ladung erwähnt wird, so erscheint mir das damit genügend erklärt, daß hier die endliche Entscheidung fiel, und das Fehlen einer derartigen Bemerkung bei der ersten Urteilsfindung scheint mir durchaus nicht geeignet, auf ein Unterlassen dreimaliger Ladung, wie sie der Rechtsgang erforderte, zu schließen."

Bei der Ansicht FICKERS und SCHAEFERS müßte eine arge Nachlässigkeit des urkundlichen Ausdrucks angenommen werden. Mir will dagegen die Gegenüberstellung von *trino edicto citatus* und *citatione vocatus* so klar und deutlich erscheinen, daß ich auf Grund dieses Wortlautes nur an e i n e Ladung in dem Achtverfahren glauben kann.

Ehe man hier die Worte der Urkunde zu pressen sucht, wird man die allgemeine Frage stellen müssen, ob wirklich der Rechtsgang ausnahmslos eine dreimalige Ladung erforderte. Die Frage wird zwar von allen Forschern unbedingt

---

[1]) Siehe oben S. 107.

[2]) FDG. XI. 305 f.

[3]) HZ. LXXVI, 407.

bejaht. Aber eine Begründung finde ich allein bei FRANKLIN, und die Beweisführung FRANKLINS erscheint mir nicht schlüssig, da einesteils die zitierten Urkunden aus einer weit späteren Epoche stammen, anderenteils die sonst erwähnten Prozesse wie die herangezogenen Stellen der Rechtsbücher nicht das landrechtliche Verfahren am Hofgericht betreffen [1]). Die Frage soll daher hier noch einmal untersucht werden.

Nach Lehnrecht war in der Regel, wie ja auch die Worte der Gelnhäuser Urkunde bestätigen, eine dreimalige Ladung erforderlich. Genaue Angaben enthält ein Urteil, das unter Heinrich VI. am 3. Juni 1196 gefällt wurde [2]): auf die Frage, ob der Erzbischof von Trier seine Lehnsleute in dreimaliger Ladung über 14 Tage oder über 6 Wochen laden müsse, erging der Spruch des Hofgerichts, *quod idem archiepiscopus homines suos super feodo ad XIIII dies tantum per ternam vocacionem vel ad sex septimanas peremptorie teneatur citare.* Für gewöhnlich genügte also eine dreimalige Ladung von je 14 Tagen. Die dreimalige Ladung von je 6 Wochen, die hier als Frage erwähnt wird, war ein Vorrecht der Fürsten. Dies ersieht man aus den Rechtssätzen des Sachsenspiegels, nach denen zur Verurteilung von Ungehorsamen drei Ladungen vorgeschrieben waren und eine jede Ladung bei den Fürsten 6 Wochen betragen mußte [3]). Daß diese Rechtsbestimmungen schon früher nicht nur im Norden, sondern auch im Süden Deutschlands in Gültigkeit waren, das ergibt sich aus einer Stelle der Reichersberger Annalen über den Lehnsprozeß, den Friedrich I. in den Jahren 1165/66 gegen Erzbischof Konrad von Salzburg führen ließ [4]): *illucque venit*

---

[1]) FRANKLIN, Das Reichshofgericht im Mittelalter II, 217 Note 3; vgl. ebendort S. 332 Note 2.

[2]) MG. Const. I, 521 (Nr. 372).

[3]) Sachsenspiegel Lehnrecht Art. 59 § 2, 65 § 18. 20 und 72 § 1 (ed. HOMEYER IIa, S. 246, 261 ff. und 293).

[4]) Annales Reicherspergenses MG. SS. XVII, 472 (a. 1166). Es handelte sich um ein rein lehnrechtliches Delikt: die Inanspruchnahme der Regalien ohne vorausgegangene Belehnung.

archiepiscopus Chuonradus post tertiam vocationem et terciam curiam, quam dederat ei inperator a festo sancti Michaelis, sex septimanis unicuique vocationi deputatis[1]. Hiermit ist auch für das 12. Jahrhundert der Brauch einer dreimaligen Ladung von je sechs Wochen in lehnrechtlichen Fürstenprozessen erwiesen [2].

Neben dieser prozessualischen dreimaligen Ladung findet sich nach Lehnrecht auch eine einmalige peremtorische Ladung in besonders wichtigen Fällen, wie bei Ansage wichtiger Hoftage [3] oder bei Mutung der Lehen beim Wechsel des Lehnsherrn [4], d. h. in Fällen, die nicht eigentlich prozessualisch sind.

Schwerer als im lehnrechtlichen Verfahren sind die Rechtsnormen im landrechtlichen Verfahren, speziell im Achtverfahren, festzustellen.

Die einzelnen Landfriedensgesetze, die uns erhalten sind, und die späteren Rechtsbücher haben vornehmlich die lokale Rechtsprechung im Auge und behandeln die lokale „Verfestung", nicht die Reichsacht [5]. Wie überdies noch hervorzuheben ist, scheint die im Sachsenspiegel angegebene Frist von dreimal sechs Wochen auf einem Irrtum zu beruhen

---

[1]) Ein anderes Beispiel bietet der Lehnsprozeß, den Heinrich der Löwe und Heinrich Jasomirgott um Bayern führten; Otto von Freising (Gesta Friderici lib. II cap. 7 SS. Rer. Germ. p. 86) berichtet: *quo dum alter . . . veniret, alter se absentaret, iterum et iterum vocatur.*

[2]) Siehe hierzu Homeyer, Sachsenspiegel IIb, 585 und 591 f. (System des Lehnrechts § 74, 4 und § 76, 4. 5).

[3]) Franklin (Das Reichshofgericht II, 238 Note 2) hat nur auf solche Fälle, die er als nicht prozessualische bezeichnet, hingewiesen (siehe oben S. 122 Note 2).

[4]) Vgl. MG. Const. II, 466 Nr. 359 § 3. Dazu M. Plischke, Das Rechtsverfahren Rudolfs von Habsburg gegen Ottokar von Böhmen S. 22 f.

[5]) So wird z. B. im Sachsenspiegel die Acht nur nebenbei als Folge der Verfestung berührt. Ähnlich im rheinfränkischen Landfrieden vom 18. Februar 1179 (MG. Const. I, 382 Nr. 277 § 9).

oder nur beschränkte Bedeutung besessen zu haben[1]); sie hat jedenfalls im 12. Jahrhundert noch keine allgemeine Gültigkeit gehabt. Denn in dem schwäbischen Landfrieden aus dem Anfang des 12. Jahrhunderts findet sich die klare Bestimmung[2]): ... *det sibi inducias per quatuordecim dies. Si non habuerit iusticiam infra quatuordecim dies, secundo inducietur sibi per quatuordecim dies; et tercio det sibi inducias per quatuordecim dies; et si inculpatus ad satisfactionem non venerit, reus sit corruptae pacis.* Und entsprechend heißt es in dem rheinfränkischen Landfrieden vom 18. Februar 1179 [3]), der genau in die Zeit unseres Prozesses fiel: *Si malefactores legitime citati ad ternas inducias quatuordecim dierum venire contempserint, ... proscribantur.* Hiernach bestand also damals vor dem lokalen Gericht im gewöhnlichen Fall der Brauch von drei vierzehntägigen Ladungen.

Es könnte nun fraglich erscheinen, ob wie im Lehnrecht auch im Landrecht die Fürsten den Anspruch auf längere Ladungsfristen erheben konnten. Aber die Stammesrechte unterschieden sich gerade dadurch von dem Lehnrecht, daß sie den Fürsten im allgemeinen keine bevorzugte Stellung einräumten [4]). Es ist daher kaum anzunehmen, daß hier die Fürsten ein besonderes Vorrecht bezüglich der Ladungsfristen besaßen.

Mehr Beachtung verdient die andere Frage, ob bei landrechtlichen Fürstenprozessen eine Zusammenziehung der drei vierzehntägigen Ladungen in eine peremtorische Ladung

---

[1]) Sachsenspiegel Landrecht Buch I Art. 67 § 1 (ed. Homeyer I, 223 f.): *Klaget man ungerichte over enen vrien scepenbaren man, deme sal man degedingen dries, immer over ses weken under koninges banne unde to echter ding stat.*

[2]) MG. Const. I, 614 Nr. 430 § 2.

[3]) MG. Const. I, 382 Nr. 277 § 9.

[4]) Das Vorrecht der Fürsten, durch fürstliche Standesgenossen gerichtet zu werden, bildete wohl eine Ausnahme, die aus dem Gewohnheitsrecht hervorgegangen ist: siehe hierzu Exkurs I.

von sechs Wochen stattgefunden hat. Die Frage, die zwar noch niemals aufgeworfen ist, liegt doch nicht so außerhalb des Bereichs der Möglichkeiten, wie mancher meinen mag. Über die Zusammenziehung mehrerer Termine in einen scheinen nämlich Sätze des römischen Rechts im Mittelalter bekannt und geläufig geblieben zu sein: darauf deutet wenigstens eine der Karolingerzeit angehörende Formula iudicialis secundum legem Romanam, in der auf das Gesetz „unum pro omnibus“ Bezug genommen wird[1]. Bei den Fürstenprozessen, die nur vor dem Reichshofgericht verhandelt wurden, dürften für eine solche Zusammenziehung der drei kurzen Termine in einen langen Termin ganz besonders triftige Gründe vorgelegen haben; denn die Festsetzung der drei vierzehntägigen Ladungen, die bei den ständigen Lokalgerichten leicht durchführbar war, mußte naturgemäß bei dem wandernden Hofgericht auf Schwierigkeiten stoßen.

Auskunft auf derartige Fragen kann man aber nur durch die Prüfung einzelner Prozesse erhalten. Ich stelle hier wieder einige charakteristische Fälle zusammen, indem ich teils auf die Zahl, teils auf die Frist der Ladungen achte.

1. Otto von Nordheim wurde im Juni 1070 zu Mainz des Hochverrats angeklagt; von Mainz hat ihn Heinrich IV. nach Goslar auf den 1. August vorgeladen: *inducias in sex hebdomadas dedit, ut kal. augusti Goslariam veniens* ... Diese genaue Angabe einer Frist von sechs Wochen, die sich bei Lambert von Hersfeld findet[2],

---

[1]) MG. Leges Sectio V. Formulae Merowingici et Karolini aevi p. 535: *Scedam edicti, que post trinam conventionem appendi in foro illius, qui commonetur et ad audientiam venire distulerit, omnino debet, hoc est, sicut praesentis scede forma declarat et in lege sic continetur, 'unum pro omnibus'; ita ut in eo, qui pro contumace damnandus est, legum severitas in omnibus debeat custodiri* (siehe hierzu ebendort Note 2). Auf dieses für meine Untersuchungen wertvolle Argument hat Herr Professor Zeumer, der Editor der Formulae, mich freundlichst aufmerksam gemacht.

[2]) SS. Rer. Germ. p. 113 (siehe oben S. 78 f. und 109).

wird zwar von Meyer von Knonau angezweifelt, weil zwischen den Tagen von Mainz und Goslar vielleicht nicht sechs, sondern sieben Wochen gelegen haben [1]). Aber ein solcher Einwand würde, selbst wenn er besser begründet wäre, nicht stichhaltig sein; denn mit der Angabe Lamberts ist offenbar die gesetzliche Frist, die eine Mindestfrist war, gemeint, und es ist daher mit den Worten sehr wohl vereinbar, daß man eine Frist von sechs Wochen gegeben und den Gerichtstag nach sieben Wochen abgehalten hat. Die präzise Erzählung Lamberts scheint mir sogar eins der besten Zeugnisse zu sein, die wir über das Gerichtsverfahren des 11. Jahrhunderts besitzen: mit völliger Klarheit ergibt sich hier der Rechtsbrauch einer einmaligen Ladung von sechs Wochen; und ebenso ist in diesem Fall der landrechtliche Charakter des Prozesses außer Frage gestellt, da der Angeklagte in Goslar durch das Urteil sächsischer Stammesgenossen geächtet wurde [2]).

2. Lothar von Supplinburg und andere sächsische Fürsten wurden unter Heinrich V. im Mai 1124 zu Bamberg verurteilt, weil sie auf die Ladung zu dem e i n e n Hoftag nicht erschienen waren: ... *duces aderant preter predictum Lotharium paucosque sibi consentientes de Saxonia principes ... indignatus imperator his, qui p r e s e n t e m c u r i a m adire contempserant, instituit expeditionem sequente augusto generaliter fieri, specie quidem contra Saxoniam* [3]). Da ein Kriegszug gegen die Verurteilten beschlossen wurde, muß

---

[1]) Meyer von Knonau, Jahrbücher des Deutschen Reiches unter Heinrich IV. Bd II, 15 Note 26; vgl. S. 8 Note 20.

[2]) Außer Meyer von Knonau (a. a. O. S. 14 ff.) siehe noch Franklin, Das Reichshofgericht im Mittelalter I, 31 ff.; Waitz, Deutsche Verfassungsgeschichte VIII, 38 f.; Giesebrecht, Geschichte der deutschen Kaiserzeit III, 159. 1119.

[3]) Ekkehardi Chronicon MG. SS. VI, 262. Siehe auch Cosmae Pragensis Chronica Boemorum, MG. SS. IX, 127 (lib. III cap. 56): *quaenam maior potest esse iniuria, quam quod ipse vocatus non venit ad nostra concilia?*

hier ein land-, kein lehnrechtliches Urteil, gefällt worden sein. Aber nach dem Quellenbericht hat es den Anschein, als ob keine prozessualische Ladung, sondern nur eine Ladung zu dem Hoftage vorausgegangen war. Infolgedessen läßt dieses Beispiel keinen sicheren Schluß zu [1]).

3. Über den Prozeß, welcher ein Jahr später unter Lothar gegen Friedrich von Schwaben geführt wurde, sind wir ebenfalls nur sehr mangelhaft unterrichtet: *Rex Liutgerus natalem domini apud Argentinam celebrat; Frithericus dux Alsatiae nova quaedam contra regem molitur, principum iudicio dampnatur ... Frequens principum conventus Goslariae rege praesente fit; expeditio post pentecosten contra ducem Frithericum ab omnibus collaudatur.* Nach dieser Quellennotiz des Paderborner Annalisten[2]) könnte man vermuten, daß zuerst Weihnachten 1125 zu Straßburg ein lehnrechtliches Urteil gefällt und dann im Jahre 1126 zu Goslar die Acht verkündet worden sei. Aber wahrscheinlicher ist wohl, daß das Straßburger Urteil schon die Acht (Oberacht) war und daß nachher zu Goslar nur der Feldzug verabredet wurde: dies ist wenigstens die Ansicht, die Waitz und Bernhardi gegen Giesebrecht vertreten [3]). In einem Punkt sind aber die drei Forscher derselben Meinung, daß nämlich der Prozeß sich übereilt, ohne geordnetes Verfahren, abgespielt habe [4]). Gerade diese

[1]) Vgl. Giesebrecht, Geschichte der deutschen Kaiserzei. III, 976. 1244.

[2]) Annales Patherbrunnenses ed. Scheffer-Boichorst p. 147sq. (Chronica regia Coloniensis SS. Rer. Germ. p. 63). Vgl. Stumpf 3230 ff.

[3]) Giesebrecht, Geschichte der deutschen Kaiserzeit IV, 17 f. 419; Waitz, Deutsche Verfassungsgeschichte VIII, 40 Note 3; Bernhardi, Jahrbücher des Deutschen Reiches, Lothar von Supplinburg S. 59 Note 21 und S. 64 Note 2.

[4]) Waitz: „Von einem geordneten Verfahren, namentlich von wiederholter Ladung ist ebensowenig die Rede . . .“; Giesebrecht: „mit ungewöhnlicher Hast wurde nun gegen den Mann eingeschritten“; Bernhardi: „Das Verfahren macht den Eindruck, als ob man dem formalen Rechte in beschleunigter Weise zu genügen suchte.“

Meinung erscheint mir nun sehr anfechtbar; denn sechs Wochen vor dem Straßburger Urteilsspruch hatte zu Regensburg schon ein Hoftag, und zwar der erste Hoftag des neuen Königs, stattgefunden [1]): es ist doch mehr als wahrscheinlich, daß Lothar sogleich von Regensburg aus seinen Hauptgegner nach Straßburg vorgeladen hat, und alsdann wäre auch in diesem Fall eine Frist von sechs Wochen eingehalten.

4. Erzbischof Konrad von Salzburg [2]) wurde unter Friedrich I. am 29. März 1166 zu Laufen in die Acht, beziehungsweise Oberacht, getan [3]). Vorausgegangen war ein lehnrechtliches Verfahren mit drei sechswöchentlichen Ladungen, auf die hin sich der Erzbischof am 14. Februar zu Nürnberg stellte [4]): in Nürnberg ist kein Urteil gefällt worden, und man leitete nun neben dem lehnrechtlichen Verfahren, dessen Durchführung Schwierigkeiten bieten mochte [5]), noch ein landrechtliches Verfahren ein, das anscheinend ein Oberachtverfahren war. Dieses landrechtliche Verfahren kam am 29. März in Laufen zum Abschluß: rechnet man vom 29. März sechs Wochen zurück, so gelangt man auf Mitte Februar und den Nürnberger Tag. Hier ist, was kein Zufall sein kann, die Frist von sechs Wochen auf den Tag genau beobachtet worden.

Keinen Aufschluß über Zahl und Frist der Ladungen erhält man dagegen aus dem Quellenbericht über den Regensburger Reichstag vom Juni 1174, wo wiederum über die Besetzung des Salzburger Stuhles verhandelt wurde. Aller-

---

[1]) Siehe Bernhardi a. a. O. S. 54 Note 9 ff. Stumpf 3228. 3229.

[2]) Vgl. oben S. 110 Note 4.

[3]) Siehe Franklin, Das Reichshofgericht im Mittelalter I, 85 Note 1. Außerdem vgl. noch Giesebrecht, Geschichte der deutschen Kaiserzeit V, 501. 503. VI, 454 f.

[4]) Siehe oben S. 128 Note 4.

[5]) Der Erzbischof, der vor Gericht erschien, scheint sich geschickt verteidigt zu haben (Annales Reicherspergenses MG. SS XVII, 472 sq. *Ibi ergo cum constanter respondisset coram principibus ad omnia, que ei inperator obiciebat* . . . .).

dings berichtet der Reichersberger Chronist[1]: *haec erat tertia curia pro hac causa determinanda in partibus Bawariae ab inperatore indicta et sollempniter habita*, Worte, die auf den ersten Blick für eine dreimalige landrechtliche Ladung zu sprechen scheinen[2]. Sieht man aber näher zu, dann ergibt sich, daß hier kein landrechtliches Prozeßverfahren eingeleitet war, offenbar, weil die Salzburger Diözese sich seit Jahren im Zustand der Acht befand und die Rechte des neuen Erzbischofs Adalbert nicht anerkannt wurden. Der Reichersberger Chronist bezeugt ausdrücklich, daß Adalbert auf dem Gerichtstag, der dem Regensburger Tage vorausging, ungeladen (*non vocatus*) erschienen war: man kann daher hier auf keinen Fall von mehreren Ladungen sprechen, und das Beispiel kommt somit für unsere Frage überhaupt nicht in Betracht.

5. Der Mörder Philipps von Schwaben, Pfalzgraf Otto von Wittelsbach, und die der Beihilfe am Morde verdächtigen Fürsten, Markgraf Heinrich von Istrien und Bischof Ekbert von Bamberg, wurden auf die Klage von Philipps Tochter Beatrix am 11. November 1208 zu Frankfurt von Otto IV. in die Acht getan, und das Urteil wurde dann wohl als Oberacht am 6. Januar 1209 zu Augsburg nochmals feierlich wiederholt[3]. Daß man zunächst in Frankfurt sogleich auf die Klage hin ein Urteil verkündete, ohne vorher die Angeklagten geladen zu haben, das ist aus den besonderen Umständen, aus der Erregung der Versammelten über die Mordtat, zu erklären. Bei der Wiederholung des Urteilsspruchs wollte man offenbar

---

[1]) Magni presbyteri Chronicon Reicherspergense, MG. SS. XVII, 498. 497.

[2]) Diese irrige Auslegung der Quellenstelle bei Franklin (Das Reichshofgericht II, 217 Note 3; vgl. ebendort I, 86).

[3]) Siehe Franklin, Das Reichshofgericht I, 103 f.; Winkelmann, Jahrbücher des Deutschen Reiches, Philipp von Schwaben und Otto IV. von Braunschweig, Bd. I, 475 ff. Bd. II, 126 und 134; Boehmer-Ficker 240 d und 251a.

das Versäumte nachholen und die Rechtsbräuche einhalten: in Gegenwart zahlreicher bayrischer Fürsten erfolgte nun die Ächtung, wie ein Chronist ausdrücklich bemerkt [1]), nach bayrischem Recht *lege Bawarica*; und in diesem Fall, in dem man so auf die Beobachtung der äußeren Rechtsnormen besonders bedacht war, wurde nicht etwa eine Frist von dreimal sechs Wochen, sondern wiederum nur die Frist von einmal sechs Wochen eingehalten, da die Klage erst am 11. November erhoben und das Urteil schon acht Wochen später, am 6. Januar, gefällt worden ist.

6. Der Mörder Engelberts von Köln, Graf Friedrich von Isenburg, scheint ebenfalls durch ein doppeltes Urteil geächtet worden zu sein [2]): er wurde am 1. Dezember 1225 vor König Heinrich zu Nürnberg angeklagt und nach erregter Debatte wohl damals sogleich in die Acht getan [3]); die Acht wurde alsbald auf einem Hoftag zu Frankfurt (anscheinend als Oberacht) nochmals verkündet [4]). Die Datierung des

---

[1]) Otto von S. Blasien MG. SS. XX, 332 (cap. 50): *in epiphania domini apud Augustam colloquium habens Ottonem palatinum de Witilinsbach nec non markionem de Anadehse l e g e B a w a r i c a sententialiter propter occisum Philippum proscripsit.* Der Ausdruck *lege Bawarica* setzt aber nicht, wie Winkelmann (a. a. O. II, 134) meint, voraus, daß das Urteil „auf dem benachbarten bayrischen Boden gefunden ward", sondern nur, daß bayrische Stammesgenossen, die das bayrische Recht kannten, zugegen waren (siehe oben S. 109 ff.).

[2]) Vgl. Franklin, Das Reichshofgericht I, 105 ff.; Boehmer-Ficker 3994a und 3996a; Winkelmann, Jahrbücher des Deutschen Reiches, Kaiser Friedrich II., Bd. I, 469 f.

[3]) Daß die Acht schon in Nürnberg ausgesprochen wurde, ist nach den Quellen nicht ganz sicher, aber doch wahrscheinlich: siehe Winkelmann a. a. O. S. 469 Note 3.

[4]) Die Verkündung der Acht oder richtiger Oberacht in Frankfurt steht außer Frage. Man beachte, daß Frankfurt in Rheinfranken, in der Heimat des Isenburgers, lag. Um die Anwesenheit der Stammesgenossen zu erleichtern, fanden ja die Gerichtssitzungen meist im Stammland oder in der Nähe des Stammlandes statt (siehe oben S. 112 Note 1).

Frankfurter Tages, auf dem eine Ächtung jedenfalls stattfand, bietet Schwierigkeiten: nach dem Bericht des Caesarius von Heisterbach müßte der Frankfurter unmittelbar auf der Nürnberger Hoftag gefolgt sein, und dies nehmen auch Ficker in den Regesten und Winkelmann in den Jahrbüchern gleicherweise an, obgleich sie beide starke Bedenken gegen die Chronologie des Quellenberichts äußern [1]). Ich halte die Bedenken für durchaus berechtigt und möchte daraus, abweichend von Ficker und Winkelmann, die Schlußfolgerung ziehen, daß der Frankfurter Hoftag erst in den Anfang des Jahres 1226 gehört. Ist dies richtig, dann könnte auch in diesem Fall die sechswöchentliche Frist beobachtet und der Frankfurter Tag Mitte Januar oder später abgehalten worden sein [2]). Mag man nun so die Beobachtung einer sechswöchentlichen Frist annehmen oder nicht (eine Ausnahme von der Regel wäre immerhin denkbar), weit wichtiger ist, daß man hier aus einer Quellenstelle den Brauch einer einmaligen Ladung entnehmen kann. Nach der detaillierten Erzählung des Reinhardsbrunner Annalisten [3]) brach nämlich auf dem Nürnberger Tage, auf dem die Klage erhoben wurde, ein heftiger Streit darüber aus, ob ein Mörder, wenn offenkundige Beweise seiner Schuld vorliegen, sogleich auf die Klage hin verurteilt werden dürfe: *Audiens autem nobilis Fredericus de Trunden reclamavit, dicens, pocius esse reum peremptorie citandum iuxta ius suum, quam in presenti proscribi.* Hier, wo es sich um die Feststellung der Formalitäten handelte, hätte es besonders nahe gelegen, die dreimalige Ladung, wenn sie wirklich gebräuchlich gewesen wäre, zu erwähnen, und so ist in den Worten *peremptorie*

[1]) Boehmer-Ficker 3996a; Winkelmann a. a. O. S. 470 Note 2.

[2]) Nach den Regesten ist Heinrich überhaupt erst in der zweiten Hälfte des Februar in Frankfurt nachweisbar: Boehmer-Ficker 3997 ff.

[3]) Annales Reinhardsbrunnenses ed. F. X. Wegele (Thüringische Geschichtsquellen Bd. I) p. 184.

citandum wohl ein Argument für die einmalige Ladung zu erblicken.

7. In dem Prozeß Ottokars von Böhmen, der mehrfach eingehend untersucht worden ist[1]), scheint mir gerade das Problem der Ladungen noch nicht genügend geklärt zu sein. Es handelt sich da um verschiedene Streitfragen, die untereinander zusammenhängen. Zunächst ist zweifelhaft, wie viele Ladungen dem lehnrechtlichen Urteilsspruch vorausgegangen sind. Im Gegensatz zu der herrschenden Auffassung, die an einer Zweizahl festhält[2]), glaube ich, daß hier, wie sonst nach Lehnrecht, drei Ladungen stattgefunden haben[3]). Mögen nun, wie ich glaube, drei oder, wie andere meinen, zwei Gerichtstermine erfolgt sein, jedenfalls steht die Tatsache einer mehrfachen Ladung fest. Dem widerspricht jedoch, daß schon die erste Ladung eine peremtorische war. Zwar erklärt ZEISSBERG, daß

---

[1]) Vgl. oben S. 119 Note 2.

[2]) FRANKLIN (Das Reichshofgericht I, 172 Note 4) vertritt allerdings schon die Ansicht von drei Terminen, indem er aber den Nürnberger Tag, auf dem der Prozeß eingeleitet wurde, als ersten Gerichtstag mitzählt. Gegen diese Hypothese haben sich alle neueren Forscher gewandt: so PLISCHKE, BACHMANN, ZEISSBERG, QUIDDE und REDLICH, die übereinstimmend nur zwei Termine annehmen.

[3]) Zu einer eingehenden Begründung meiner Auffassung ist hier kein Raum. Ich verweise in Kürze auf die unbedingt zeitgenössische Darstellung des sächsischen Fortsetzers der sächsischen Weltchronik (MG. Deutsche Chroniken II, 287), der zwischen dem Würzburger und dem Augsburger Tag einen Speierer Tag erwähnt: dieser Speierer Tag fand in der Tat Mitte März (BOEHMER-REDLICH 338. 339: Urkunden vom 12. und 13. März) statt, d. h. etwas über sechs Wochen nach dem Würzburger Tag (23. Januar) und zwei Monate vor dem Augsburger Tag (Mitte Mai). Demgegenüber erscheint mir das argumentum ex silentio von geringer Bedeutung, zumal gerade der Salzburger Annalist, auf den vor allem ZEISSBERG und REDLICH ihre entgegenstehende Ansicht stützen, in der Datierung des Augsburger Tages irrt. Man vergleiche überdies den Prozeß Heinrichs des Löwen, in welchem auch nicht ein Annalist die Gerichtstage richtig zu nennen weiß (siehe unten in Kap. 4 S. 159).

„diese (peremtorische) Form der Ladung keineswegs in dem Sinne zu fassen ist, als wenn damit im ersten Termin ein endgültiges Urteil über die strittige Frage in Aussicht gestellt werden sollte“ [1]). Aber diese Anschauung, die ähnlich schon FRANKLIN vertreten hat [2]), erscheint mir nicht zutreffend: gerade in dem Prozeß Ottokars, in dem die Streitfragen bereits vorher auf dem Nürnberger Reichstag prinzipiell erledigt waren, mußten weitere Verhandlungen in Abwesenheit des Angeklagten zwecklos erscheinen, konnte eine peremtorische Ladung nur den Sinn haben, daß ein endgültiges Urteil in Aussicht gestellt wurde. Daß aber Ottokars erste Vorladung nach Würzburg eine streng peremtorische war, das ergibt sich aus dem Wortlaut der Nürnberger Beschlüsse [3]) wie aus dem der Ladung selbst [4]). Weshalb trotz dieser peremtorischen Ladung kein Beschluß zu Würzburg gefaßt wurde, das ist aus der damaligen Lage, da gerade Verhandlungen mit dem Papste schwebten, leicht zu erklären. Aber mit den politischen Verhandlungen kann man nur erklären, daß die Beschlußfassung hinausgeschoben, nicht erklären, daß der Angeklagte noch zum zweiten oder dritten Male vorgeladen wurde. Diese Schwierigkeit läßt sich am einfachsten dadurch heben, daß man die erste Ladung nicht allein als lehn-, sondern auch als landrechtliche auffaßt, ab-

---

[1]) ZEISSBERG im Archiv für österreichische Geschichte LXIX, 6.

[2]) FRANKLIN, Das Reichshofgericht II, 217 f.: „selbst dann, wenn eine frühere Ladung bereits als peremtorische bezeichnet war, trat die Sachfälligkeit doch erst dann ein, wenn der Verklagte auf dem dritten Tag ausgeblieben war.“ Als Beleg für diesen Satz führt FRANKLIN nur den Prozeß Ottokars an.

[3]) MG. Const. III, 60 (Nr. 72 § 4): . . . *dictum regem citare . . . peremptorie responsurum.*

[4]) MG. Const. III, 61 (Nr. 73): . . . *quem terminum magnitudini vestre de eorundem principum consilio et sentencia pro peremptorio prefigimus . . . . Et sive veneritis sive non, nos nichilominus in eadem causa, quantum iuris ordo dictaverit et principum sentencia decreverit, procedemus.*

weichend von den späteren Ladungen, die rein lehnrechtliche waren, eine Auffassung, die ich nunmehr noch näher begründen will.

Da die Acht erst nach dem lehnrechtlichen Urteil gefällt wurde, so wird von den meisten Forschern die erste Ladung als eine nur lehnrechtliche angesehen [1]). Aber in dem Text dieser Ladung, der uns ja erhalten ist, wird man vergeblich nach einer Erwähnung des Lehnrechts suchen [2]). Noch wichtiger ist, was über den Anlaß zur Ladung in den Nürnberger Beschlüssen steht [3]): die Ladung wurde beschlossen auf die Frage Rudolfs, *qualiter contra regem Boemie deberet procedere ad ipsius contumaciam reprimendam*, ein Satz, der in dem letzten Wort der Vorladung [4]) *procedemus* aufgenommen wird; mit *procedere ad ipsius contumaciam reprimendam* kann aber nicht an ein lehnrechtliches Urteil, sondern nur an das Achturteil gedacht worden sein, da das Achturteil, und zwar dieses ganz allein, die Mittel bot, den Trotz eines Ungehorsamen zu brechen. Der Einwand, daß der Achtspruch erst viel später, am 24. Juni 1275, fiel [5]), ist nicht stichhaltig. Denn die Ladung, auf die hin die Acht ausgesprochen wurde, kann nicht unmittelbar vorher von Augsburg aus ergangen sein, da zwischen

---

[1]) So von Plischke, Busson, Quidde, Zeissberg und Redlich, während Bachmann (in Zeitschrift für die österreichischen Gymnasien 1887 S. 448 ff.) den ganzen Prozeß nur als ein landrechtliches Achtverfahren betrachtet.

[2]) Wäre die Ladung eine ausschließlich lehnrechtliche gewesen, dann hätte wohl eine Erwähnung des Lehnrechts (wie im Prozeß Heinrichs des Löwen) stattgefunden.

[3]) MG. Const. III, Nr. 72 § 4.

[4]) MG. Const. III, Nr. 73.

[5]) Über das Datum des Achtspruchs siehe Busson, Zeissberg, Redlich a. a. O. — Hinweisen möchte ich noch auf das irrige Datum, das die Salzburger Annalen (MG. SS. IX, 801) von dem Augsburger Tage geben: *circa solstitium*, d. i. 24. Juni; hier liegt anscheinend eine Verwechslung des Augsburger Tages mit dem Tage der Ächtung vor.

dem Augsburger Tage (Mitte Mai) [1]) und dem Tage der Ächtung (24. Juni) weniger als sechs Wochen lagen [2]); daher muß schon eine der früheren Ladungen eine landrechtliche gewesen sein, und als solche wird man alsdann die erste Ladung nach Würzburg in Anspruch nehmen dürfen. Offenbar beabsichtigte man ursprünglich in Nürnberg, die Acht schon in Würzburg zu fällen, eine Absicht, von der man in Würzburg wohl wegen der Verhandlungen mit dem Papste Abstand nahm; da man jedoch den Prozeß nicht fallen lassen, sondern nur in langsamerem Tempo weiterführen wollte, so brachte man nun zunächst in zwei weiteren Ladungen das lehnrechtliche Verfahren zum Abschluß; und erst nachdem die letzte Hoffnung auf eine friedliche Schlichtung des Streites geschwunden war, verhängte man schließlich die Acht, die man auf Grund des früheren Nürnberger Termins, den der Angeklagte versäumt hatte, jetzt ohne neue Ladung aussprechen konnte. Ist diese meine Auffassung, bei der sich die scheinbaren Widersprüche lösen [3]), richtig, dann bietet auch der Prozeß Ottokars einen Beleg für eine landrechtliche Ladung von sechs Wochen [4]): ein besonders wichtiges Beispiel, da hier

---

[1]) Der Augsburger Gerichtstag, auf dem das lehnrechtliche Urteil gesprochen wurde, muß am 15. Mai oder etwas später stattgefunden haben: dies ergibt sich aus dem Vergleich einer Urkunde vom 15. Mai (MG. Const. III Nr. 83) mit den Angaben der Annalisten (vgl. Plischke, Das Rechtsverfahren Rudolfs von Habsburg gegen Ottokar von Böhmen S. 13 ff.).

[2]) Rechnet man vom 24. Juni fünfundzwanzig Tage zurück, so gelangt man auf den 10. Mai; der Augsburger Gerichtstag ist aber später anzusetzen (siehe vorige Note).

[3]) Wenn die erste Ladung als landrechtliche, die dritte Ladung als lehnrechtliche peremtorisch war, dann erklärt sich auch, daß die dazwischenliegende zweite lehnrechtliche Ladung als einzige nicht peremtorische den meisten Chronisten unbekannt blieb (siehe S. 138 Note 3).

[4]) Der Zusatz von drei Tagen findet sich vielfach in den damaligen Rechtsbestimmungen. Daß außerdem für die Überbringung der Ladung noch achtzehn Tage hinzugezählt wurden, das zeigt, wie sorgsam man auf die Beobachtung solcher Rechtsnormen bedacht war.

in den Nürnberger Beschlüssen alle Rechtsbräuche und so auch die Ladungsfrist mit peinlichster Sorgfalt festgestellt wurden.

8. Zum Schluß erwähne ich aus der Zeit Rudolfs von Habsburg noch einen anderen Prozeß, in welchem die Frage der landrechtlichen Ladung völlig klar liegt: den Prozeß gegen den Grafen Guido von Flandern [1]). Am 16. April 1282 erhob der Graf von Hennegau Johann von Avesnes zu Hagenau Klage gegen den Grafen Guido, der ihn hinderte, in den Besitz der ihm vom König zugesprochenen Güter zu gelangen [2]); das Urteil wurde zwei Monate später zu Worms am 15. Juni gefällt [3]). Zweifellos handelt es sich hier nur um eine einmalige Ladung [4]). Und zweifellos war das Verfahren ein landrechtliches, da das Urteil, wenigstens der Teil des Urteils, auf dem der Nachdruck lag, die Acht war. Ob der andere Teil des Urteils, der die schon früher entschiedene Aberkennung der Güter wiederholte, auf einem besonderen Gerichtsverfahren beruhte oder nicht, das kommt für uns hier nicht in Frage [5]).

Es ist so genau derselbe Rechtsbrauch, der uns am Ende des 11. Jahrhunderts im Prozeß Ottos von Nordheim und der

[1]) Vgl. Franklin, Das Reichshofgericht I, 158 ff. und namentlich Plischke, Das Rechtsverfahren Rudolfs von Habsburg gegen Ottokar von Böhmen S. 21.

[2]) Boehmer-Redlich 1645.

[3]) Boehmer-Redlich 1668 ff.

[4]) Siehe hierüber Plischke a. a. O. Daß der Angeklagte zu dem Termin geladen war, das bezeugt auch die von Redlich (1645) zitierte Urkunde des Kardinallegaten Johann von Tusculum (7. April 1287): *idem rex predictum comitem Flandriae . . . ad certam diem peremtorie citavit.*

[5]) Zwar wurde die Aberkennung der Güter nochmals feierlich verkündet. Ob aber hierzu ein besonderes Gerichtsverfahren eingeleitet war, das erscheint mir zweifelhaft; denn die Zeugenaussage des Bischofs von Cambrai, um die sich der ganze Prozeß drehte, betraf nur die Frage der Besitznahme der Güter, nicht die schon längst entschiedene Frage, wem die Güter von Rechts wegen gehörten.

uns am Ende des 13. Jahrhunderts im Prozeß Guidos von Flandern, beziehungsweise in dem Ottokars von Böhmen, entgegentritt: der Brauch einer einmaligen Ladung mit einer Mindestfrist von sechs Wochen. Die dazwischenliegenden Beispiele lassen zwar nur beschränkte Schlüsse zu, gewähren aber doch immerhin nach der einen oder der anderen Richtung eine Bestätigung, indem sie teils eine Frist von dreimal sechs Wochen ausschließen [1]), teils eine Dreizahl der Ladungen unwahrscheinlich machen [2]).

Man wende nicht ein, daß es sich bei den meisten Beispielen um ein Oberachtverfahren handele; denn im Oberachtverfahren werden schwerlich andere Ladungsfristen wie im Achtverfahren üblich gewesen sein, da sich Oberacht und Acht nicht sachlich voneinander unterschieden, sondern nur graduell, insofern als die Oberacht den definitiven, die Acht den provisorischen Bann bedeutete. Überdies war wenigstens das Urteil in dem Prozeß Ottokars wie in dem Heinrichs des Löwen zunächst die einfache Acht.

Ebensowenig berechtigt wäre der Einwand, daß die besprochenen Fälle Ausnahmen seien: die Beispiele erstrecken sich ja über zwei Jahrhunderte und verteilen sich innerhalb dieser Epoche auf ganz verschiedene Zeiten. Sie betreffen außerdem verschiedene Stammesrechte im nördlichen und im südlichen Deutschland, in Sachsen [3]), Rheinfranken [4]), Schwaben [5]), Bayern [6]).

Bisher haben die Forscher, denen die einmalige Ladung in einzelnen Fällen auffiel, sich damit geholfen, daß sie solche Fälle als Ausnahmen betrachteten und den Vorwurf eines un-

---

[1]) Siehe Beispiel 3. 4. 5.

[2]) Siehe Beispiel (2). 6. Dazu kommt der Fall Heinrichs des Löwen.

[3]) Beispiel 1. (2).

[4]) Beispiel 6.

[5]) Beispiel 3.

[6]) Beispiel 4 und 5.

gesetzmäßigen Verfahrens erhoben [1]). Nun ist zuzugeben, daß bei politischen Prozessen Gesetzesübertretungen leicht vorkommen konnten und daß Klagen hierüber in den Quellen mehrfach auftauchen [2]). Aber unter diesen Klagen läßt sich kaum eine über Nichteinhaltung der Ladungsfrist nachweisen; und wenn eine derartige Klage laut wurde, dann hat man ihr anscheinend Folge gegeben [3]). Gerade in einer Zeit, in der schriftliche Rechtsnormen fast ganz fehlten, war man auf peinliche Beobachtung der äußeren Formalitäten bedacht, und besonders scheint man hierbei die Bestimmungen über die Vorladung im Auge behalten zu haben: in dem Lehnsprozeß, den Heinrich der Löwe in der Mitte des 12. Jahrhunderts um Bayern führte, drang sein Gegner Heinrich Jasomirgott zweimal mit der Beschwerde durch, daß er nicht ordnungsgemäß vorgeladen sei [4]). Daß man im allgemeinen die Ladungsfristen aufs strengste einhielt, daran wird man so a priori kaum zweifeln dürfen, und dafür glaube ich nunmehr auch den direkten Beweis erbracht zu haben: was frühere Forscher für ungesetzmäßig hielten, die einmalige Ladung in landrechtlichen Fürstenprozessen, das ist gerade im Gegenteil Gesetz gewesen.

Die oben angeführten Beispiele liefern, wie ich meine, in ihrer Gesamtheit einen vollgültigen Beweis, zumal wenn man bei alledem noch das argumentum ex silentio beachtet: unter

---

[1]) So Weiland, Waitz, Franklin, Giesebrecht, Bernhardi Jastrow u. a. Vgl. oben S. 133 Note 4.

[2]) Vgl. z. B. Franklin, Das Reichshofgericht im Mittelalter I, 28 Note 1 und 33 Note 2.

[3]) Siehe oben Beispiel 5 und 6.

[4]) Otto von Freising, Gesta Friderici lib. II cap. 7. 9. 11. (SS. Rer. Germ. p. 86. 89. 90). Da eine dreimalige Ladung (vgl. S. 129 Note 1) anscheinend unter Einhaltung der Fristen stattgefunden hat, so ist nicht klar ersichtlich, worin der Einwand, *quod legittime vocatus non fuerit*, begründet lag. Vgl. hierzu Jastrow in DZG. X, 285 Note 1; irrig ist die Erklärung Simonsfelds (Friedrich I. Bd I, 187), der land- und lehnrechtliche Bestimmungen vermengt.

den zahlreichen Fürstenprozessen des 11., 12. und 13. Jahrhunderts, die FRANKLIN zusammengestellt hat, vermag ich nicht einen Fall zu entdecken, in welchem nach Landrecht eine dreimalige Ladung nachweisbar wäre. Allerdings ist hierbei Voraussetzung, daß man schärfer, als dies bisher geschah, zwischen land- und lehnrechtlichen Prozessen unterscheidet. Erst die klare Sonderung des land- und des lehnrechtlichen Verfahrens vermag uns das Verständnis der mittelalterlichen Rechtssätze zu vermitteln [1]).

In einem der vorausgehenden Kapitel habe ich dargetan, daß die Darstellung der Gelnhäuser Urkunde nicht so verworren ist, wie man wohl angenommen hat. Ein letzter Rest, der in der Urkunde noch einer Erklärung bedürftig blieb, waren die Worte, die sich auf die Vorladung beziehen: *citatione vocatus* vor dem Achturteil und *legitimo trino edicto ad nostram citatus audientiam* vor dem lehnrechtlichen Urteil. Diese Worte sind keineswegs einer nachlässigen Ausdrucksweise entsprungen, sondern sie sind mit voller Absicht gewählt; sie bestätigen genau das, was wir als allgemeinen Rechtsbrauch festgestellt haben: die landrechtliche Gewohnheit einer einmaligen, die lehnrechtliche Gewohnheit einer dreimaligen Ladung.

Wenn so in Fürstenprozessen eine dreimalige Ladung nur nach Lehnrecht üblich war, dann wird auch verständlich, weshalb der Ausdruck *feudali iure* gerade vor *legitimo trino edicto* hinzugefugt ist [2]), und weshalb die Nichtbefolgung der lehnrechtlichen Ladung als ein besonders schweres Verbrechen

[1]) Schon PLISCHKE (Das Rechtsverfahren Rudolfs von Habsburg gegen Ottokar von Böhmen S. 20 ff.) bezweifelt „eine unbedingte Alleinherrschaft des Prinzips der drei Ladungen in der Praxis des Hofgerichts"; aber zur vollen Erkenntnis dringt er nicht durch, da auch er in dieser Frage nicht zwischen land- und lehnrechtlichem Verfahren unterscheidet.

[2]) Vgl. oben S. 61.

galt [1]): der Ungehorsam nach dreimaliger Ladung war eine offenkundige Mißachtung des Herrschers, der die Ladungen ergehen ließ, und daher wurde die contumacia nicht im land-, sondern im lehnrechtlichen Verfahren als *evidens reatus maiestatis* bezeichnet.

Daß die Fürsten ein eigenes Vorladungsrecht besaßen, das von dem des freien Mannes abwich, das ist uns gerade für den Prozeß Heinrichs des Löwen bezeugt: ein zeitgenössischer Erfurter Chronist [2]) berichtet, daß Herzog Heinrich nach Fürstenbrauch vorgeladen wurde: *dux more principum evocatus.* Während der gewöhnliche Mann nach Land- und Lehnrecht gleicherweise in dreimal vierzehn Tagen geladen ward, ist bei der Ladung des Fürsten zwischen Land- und Lehnrecht zu unterscheiden: nach dem Lehnrecht, in welchem er eine bevorzugte Stellung einnahm, konnte er den Anspruch auf drei Fristen von je sechs Wochen erheben; nach dem Landrecht, in welchem er dem freien Mann gleichstand, besaß er nur das Recht auf eine einmalige Ladung von sechs Wochen, eine Zusammenziehung der dreimal vierzehn Tage, die wohl aus den Gewohnheiten des wandernden Hofgerichts zu erklären ist [3]).

Diese Unterscheidung des fürstlichen Vorladungsrechts, die wir hier festgestellt haben, ist für die Beurteilung des mittelalterlichen Prozeßwesens von außerordentlicher Bedeutung: der Rechtsgang zahlreicher Prozesse, denen man Unregelmäßigkeit vorzuwerfen pflegte, darf nunmehr als regelmäßig gelten, und so manche Probleme, die bisher unentwirrbar schienen, erhalten ihre Aufklärung. Auch für die Vorgänge im Prozeß Heinrichs des Löwen haben wir jetzt den Schlüssel in Händen, der uns die Pforten der Erkenntnis öffnen soll.

[1]) Siehe oben S. 125.

[2]) Monumenta Erphesfurtensia SS. Rer. Germ. p. 189.

[3]) Vgl. S. 131.

Kapitel 4.

Die einzelnen Gerichtstage.

Während uns die Gelnhäuser Urkunde über die in dem Prozeß angewandten Rechtsnormen gut unterrichtet, besitzen wir über die einzelnen Gerichtstage, die verschiedenen Stadien des Prozeßverlaufes, zwar auch treffliche Nachrichten, aber nicht in der urkundlichen Darstellung, die uns hier im Stich läßt [1]), sondern in einer Reihe annalistischer Erzählungen.

Unter den annalistischen Quellen kommen vornehmlich drei in Betracht: an erster Stelle die knappen zeitgenössischen Annalen von Pegau [2]); ferner die ausführliche später niedergeschriebene Chronik Arnolds von Lübeck [3]), die neben zahlreichen Irrtümern auch viele zuverlässige Nachrichten enthält; schließlich die Kölner Königschronik, die, in diesem Teil wohl nicht ganz zeitgenössisch, doch manches wertvolle Material mit genauen Einzelangaben bringt [4]). Zu vergleichen sind außerdem die Datierungen von Kaiserurkunden und kurze Quellennotizen wie die der Magdeburger, Pöhlder und Erfurter Annalen [5]).

---

[1]) Nur der Würzburger Tag wird in der Urkunde erwähnt.

[2]) Annales Pegavienses MG.SS. XVI, 262 sq.

[3]) Arnoldi Chronica Slavorum lib. II cap. 10. MG.SS. XXI, 133 und SS. Rer. Germ. p. 47. Vgl. oben S. 15 Note 1.

[4]) Chronica Regia Coloniensis SS. Rer. Germ. p. 130.

[5]) Annales Magdeburgenses MG.SS. XVI, 194. Annales Palidenses MG.SS. XVI, 95. Monumenta Erphesfurtensia SS. Rer. Germ. p. 62. 64.

Auszuscheiden sind dagegen andere jüngere Darstellungen, so insbesondere die Erzählung Ottos von S. Blasien [1]), die in schroffstem Gegensatz zu der übrigen Überlieferung steht. Mitten unter falschen Nachrichten, die wir schon oben besprochen haben [2]), nennt nämlich Otto von S. Blasien als Gerichtsorte die drei Städte Ulm—Regensburg—Würzburg, eine augenscheinlich unrichtige Nachricht; denn in Ulm war der Kaiser nachweislich erst im Dezember 1179 [3]), in Regensburg sogar erst im Sommer 1180 [4]), und der Würzburger Tag vom Januar 1180 war nicht, wie Otto glaubt, der dritte Gerichtstag, sondern ein vierter Tag des Prozesses, wie aus den sich ergänzenden Berichten des Pegauer Annalisten und Arnolds von Lübeck hervorgeht [5]). Trotzdem ist der Versuch, die so verworrenen Nachrichten Ottos ganz oder teilweise zu retten, von älteren wie neueren Forschern wiederholt unternommen worden, ein Versuch, den schon früher einmal Weiland und Waitz zurückgewiesen haben [6]).

Ebenso wertlos wie die Erzählung Ottos von S. Blasien erscheint die Angabe des Lauterberger Chronisten [7]), der gleich Otto den Würzburger Tag als dritten Gerichtstag bezeichnet. Bei dem Lauterberger Chronisten läßt sich noch verfolgen, wie dieser Irrtum entstanden ist. In einer Unter-

---

[1]) MG.SS. XX, 316.

[2]) Siehe oben S. 20 f.

[3]) Vgl. Annales Ottenburani MG.SS. XVII, 316 und Annales Pegavienses MG.SS. XVI, 263.

[4]) Stumpf 4305.

[5]) Annales Pegavienses: *Terciam curiam in Cuine . . . Imperator post epifaniam curiam habuit in Wirciburg . . .*; Arnoldi Chronica Slavorum: *tertiam ei curiam Goslarie prefixit . . . . Quartam tamen adhuc curiam . . ei indixit.*

[6]) Weiland in FDG. VII, 184 f.; Waitz ebendort X, 155 Note 1 und 156 Note 1. Dagegen Klein a. a. O. S. 19 und 30 ff. und Lucas a. a. O. S. 42 f. Für die Möglichkeit der Existenz des Ulmer Tages spricht sich auch Schaefer (in HZ. LXXVI, 404) aus.

[7]) MG.SS. XXIII, 157. Siehe oben S. 17 Note 2.

suchung über das Chronicon Montis Sereni hat Opel nachgewiesen, daß hier die Pegauer Annalen ausgeschrieben sind [1]). Ein Zweifel ist nicht möglich; man vergleiche:

Annales Pegavienses.	**Chronicon Montis Sereni.**
Imperator post epifaniam curiam habuit in Wirciburg, ad quam dux Heinricus vocatus non venit; et ideo ex sententia principum reus maiestatis adiudicatur. Preterea omnis hereditas eius et omnia beneficia . . . . . . eidem abiudicantur.	*Imperator in octava epiphanie Herbipolis curiam celebravit, ad quam Heinricus dux tercio vocatus venire rennuit; quamobrem ex sentencia omnium principum reus maiestatis dampnatus est, omnisque ei heriditaria proprietas et beneficiaria possessio abiudicata est.*

Während der Ausdruck *octava epiphanie* des jüngeren Lauterberger Chronisten das *post epifaniam* der älteren Pegauer Quelle näher interpretiert [2]), steht das von ihm vor *vocatus* eingeschobene Wort *tercio* im Widerspruch zu der Pegauer Darstellung, die vor dem Würzburger Tag schon drei andere Termine namhaft macht. Das *tercio* galt früheren Forschern wie Weiland als „wertloser Zusatz" [3]). Ficker hat dagegen die Angabe verteidigt [4]), und seine Verteidigung fand weiterhin Zustimmung; so namentlich bei Schaefer: ohne zwingende Notwendigkeit dürfe man einem Autor keinen Irrtum zuschreiben [5]). Aber kann es einen zwingenderen Grund für die Annahme eines Irrtums geben als hier, wo die Abhängigkeit der einen Quelle von der anderen evident ist, und wo der Zusatz der abgeleiteten Quelle aus der voraus-

---

[1]) J. O. Opel, Das Chronicon Montis Sereni (Halle 1859) S. 53 f.

[2]) Die Angabe in *octava epiphanie* dürfte zutreffen (s. u.); aber aus der Richtigkeit dieser Angabe ist noch kein Schluß auf die besondere Glaubwürdigkeit des Chronisten zu ziehen, da die Reichstage im Januar meist gerade am 13. stattzufinden pflegten und so die Änderung von *post epifaniam* in *octava epiphanie* sehr nahe lag.

[3]) Weiland in FDG. VII, 176 Note 5.

[4]) Ficker in FDG. XI, 313.

[5]) Schaefer in HZ. LXXVI, 403. Ebenso Klein (S. 19 f.) und Lucas (S. 43).

gehenden Erzählung der Vorlage leicht erklärbar wird? Offenbar hat nämlich der Lauterberger Chronist, wie schon OPEL erkannt hat, die Dreizahl der Termine, die er in seiner Vorlage fand und zunächst unerwähnt ließ, nachher an falscher Stelle eingeschoben [1]). Zu diesem quellenkritischen Grunde, der die Angabe entwertet, kommt noch als durchschlagendes Moment, daß die entgegenstehende Darstellung des Pegauer Annalisten durch Arnold von Lübeck bestätigt wird [2]).

Scheiden demnach Otto von S. Blasien und der Lauterberger Chronist aus [3]), so bleibt nunmehr die übrige Überlieferung eingehender zu untersuchen. Die Darstellungen der Quellen weisen im einzelnen zahlreiche Widersprüche auf; desto glaubhafter erscheinen die wenigen Übereinstimmungen, die sich aus den verschiedenen Berichten ergeben.

Die Zahl der Gerichtstage wird in den Pegauer Annalen und in der Chronik Arnolds von Lübeck gleicherweise auf vier angegeben [4]). Nach beiden Quellen gehören die ersten drei Tage ohne den Schlußtag zusammen: Arnold hebt bei Er-

---

[1]) OPEL a. a. O. S. 46: „Dieses *tercio* erweist sich also als ein Zusatz unseres Chronisten, den er offenbar deswegen machte, um doch wenigstens die drei Tage in Magdeburg, Nürnberg und Kaina, ... welche der Verfasser auch in den Ann. Peg. a. 1179 vorgefunden hatte, im Vorübergehen zu berühren."

[2]) Siehe oben S. 148 Note 5.

[3]) Wie die irrige Auffassung bei Otto von S. Blasien und dem Lauterberger Chronisten entstehen konnte, ist leicht zu erklären, da ja gesetzlich nur drei Termine vorgeschrieben waren und der Schlußtag zu Würzburg stattfand: wer daher nicht wußte, daß noch ein vierter Tag aus besonderen Gründen eingeschoben war, mußte den Würzburger Schlußtag für den dritten halten.

[4]) Andere Quellen sprechen nur kurzweg von mehreren Gerichtstagen. Vgl. die Pöhlder Annalen (MG.SS. XVI, 95): *quem inperator multis curiis evocatum sed minime consentientem tandem principum iudicio* . . .; und die Erfurter S. Peterschronik (Monumenta Erphesfurtensia SS. Rer. Germ. p. 190): *multas inducias, plures regales curias* . . .

wähnung des dritten Tages die gesetzmäßige dreimalige Ladung, die stattgefunden habe, hervor, und dementsprechend redet der Pegauer Annalist von *secundo vocatus* und *tertiam curiam*, während er den letzten Tag nur schlechtweg als *curiam . . . ad quam dux Heinricus vocatus non venit* bezeichnet.

Abweichend lauten in beiden Quellen die Namen der Orte: der Pegauer Annalist nennt Magdeburg—Nürnberg—Kaina und Würzburg; dagegen nennt Arnold Worms—Magdeburg—Goslar und einen vierten Tag, dessen Örtlichkeit er nicht namhaft macht. Übereinstimmung herrscht also nur darin, daß einer der beiden ersten Tage in Magdeburg, und daß der dritte Tag nicht in Würzburg abgehalten wurde.

Der Würzburger Tag wird als Schlußtag außer in den Pegauer Annalen noch in verschiedenen anderen Quellen, wie namentlich in der Gelnhäuser Urkunde erwähnt [1]). Er fand im Januar 1180 statt, und zwar wahrscheinlich am 13. Januar, da der Pegauer Annalist *post epifaniam*, der Lauterberger Chronist *in octava epiphanie*, der Erfurter Annalist *circa epiphaniam* schreibt [2]), während mehrere Urkunden einen Würzburger Aufenthalt des Kaisers in der zweiten Hälfte des Januar bezeugen [3]).

Auch der vorausgehende dritte Gerichtstag läßt sich genauer bestimmen. Wir haben nur die Wahl zwischen Goslar und Kaina, der Angabe Arnolds und der des Pegauer Annalisten: offenbar ist hier der Bericht des Pegauer Annalisten, Kaina, vorzuziehen, da das große Goslar irrtümlich an Stelle des kleinen Kaina eher gesetzt sein kann als umgekehrt, und da der Pegauer Annalist über das, was sich in seiner

---

[1]) MG. Const. I, 385. Siehe außerdem die Darstellungen in den Magdeburger, Pegauer und Erfurter Annalen, in der Lauterberger Chronik und in der Chronik Ottos von S. Blasien.

[2]) Vgl. oben S. 149 Note 2. Eine Parallele bietet der Wormser Hoftag vom 13. Januar 1179, den auch ein Annalist *post epiphaniam*, andere in *octava epiphanie* datieren (siehe unten S. 155).

[3]) Stumpf 4296 ff.

nächsten Nähe zu Kaina zugetragen hat [1]), besonders gut unterrichtet gewesen sein muß. Überdies ist ein Aufenthalt des Kaisers zu Goslar damals nicht nachweisbar, wohl aber zu Kaina am 17. August 1179 [2]). Auf Mitte August zu Kaina ist daher der dritte Gerichtstag anzusetzen: in dieser Annahme sind alle neueren Forscher einig [3]).

Noch bestimmter läßt sich der Magdeburger Tag datieren. Die Erfurter Annalen erwähnen den Hoftag *in Magdeburc in natali sancti Johannis baptiste.* Entsprechende Angaben enthalten die Magdeburger Annalen: *Imperator curiam habiturus Magdeburch in festo sancti Johannis venit et in die apostolorum Petri et Pauli cum uxore et filio rege coronatus processit*, Sätze, die fast wörtlich in den Pegauer Annalen wiederkehren: *Imperator curiam in natali sancti Johannis baptiste Magdaburch habuit . . . Natale etiam apostolorum Petri et Pauli ibidem cum imperatrice Beatrice et filio rege coronatis ipse coronatus celebravit* [4]). Bestätigt werden diese annalistischen Notizen durch Kaiserurkunden vom 29. Juni und 1. Juli, die in Magdeburg ausgestellt sind [5]). Der Aufenthalt des Kaisers begann also am Geburtsfest Johannis des Täufers (d. i. am 24. Juni) und zog sich über den Peter-Paulstag (d. i. den 29. Juni) bis Anfang Juli hin: der Hoftag fand am 24. Juni statt.

Daß damals zu Magdeburg über Heinrich den Löwen Gericht abgehalten wurde, das berichten übereinstimmend

---

[1]) Kaina liegt westlich von Altenburg, unweit von Pegau.

[2]) Stumpf 4289. 4290.

[3]) So Weiland, Waitz, Ficker, Giesebrecht, Schaefer, Scheffer-Boichorst, während z. B. Franklin noch der Angabe Arnolds (Goslar) den Vorzug gab.

[4]) Monumenta Erphesfurtensia SS. Rer. Germ. p. 62; Ann. Magdeburgenses MG.SS. XVI, 194; Ann. Pegavienses MG.SS. XVI, 262 (über das Verwandtschaftsverhältnis der Magdeburger und Pegauer Annalen siehe oben S. 83 ff.).

[5]) Stumpf 4282 ff. Auszuscheiden ist Stumpf 4286, eine ohne Ortsangabe schlecht überlieferte Urkunde.

Arnold von Lübeck, der Pegauer Annalist und der Kölner Chronist [1]). Aber strittig ist, ob in Magdeburg der erste oder der zweite Gerichtstag anzunehmen, ob mit dem Pegauer Annalisten ein nachfolgender Tag in Nürnberg oder ob mit Arnold und dem Kölner Chronisten ein vorausgehender Tag in Worms einzuschieben ist. Bei Beantwortung dieser Streitfrage haben sich die Forscher in zwei Lager geteilt: WEILAND, COHN, GIESEBRECHT und SCHAEFER [2]) treten für die Darstellung des Pegauer Annalisten ein, dagegen FICKER, FRANKLIN, WAITZ und SCHEFFER-BOICHORST [3]) für die Angaben Arnolds und des Kölner Chronisten.

Betrachtet man die Quellen einzeln für sich, so erscheinen allerdings die zeitgenössischen nüchternen Annalen von Pegau besonders glaubwürdig [4]). Aber selbst dem zuverlässigsten Gewährsmann darf man nicht blindlings folgen, da Irrtümer und Verwechslungen namentlich bei Nennung von Ortsnamen immer möglich bleiben. In unserm Fall spricht gegen die Darstellung des Pegauer Annalisten das Itinerar des Kaisers, in welchem ein Nürnberger Aufenthalt nicht erwähnt wird und überhaupt nicht einschiebbar ist. Wenn Friedrich I. bis zum 1. Juli in Magdeburg, am 29. Juli in Erfurt, am

[1]) Arnoldi Chron. MG.SS. XXI, 133 (SS. Rer. Germ. p. 48): Ann. Pegavienses MG.SS. XVI, 262; Chron. regia Colon. SS. Rer. Germ. p. 130.

[2]) WEILAND in FDG. VII, 183; COHN in GGA. Jahrg. 1868 S. 1765; GIESEBRECHT, Geschichte der deutschen Kaiserzeit V, 904. 910. 912. VI, 566; SCHAEFER in HZ. LXXVI, 391—95. Ebenso auch KLEIN (S. 16 f.) und LUCAS (S. 24).

[3]) FICKER, Forschungen zur Reichs- und Rechtsgeschichte Italiens I, 183 (§ 85 Note 3) und in FDG. XI, 313; FRANKLIN, Reichshofgericht I, 91 f. WAITZ in FDG. X, 156; SCHEFFER-BOICHORST, Zur Geschichte des 12. und 13. Jahrhunderts S. 200 f. (vgl. DZG. III, 324 f.).

[4]) Vgl. COHN in FDG. I, 329 ff.; WEILAND in FDG. VII, 176: „Sie sind gleichzeitig, chronologisch genau geordnet und gut unterrichtet." Andererseits siehe meine Ausführungen zur Kritik der Pegauer Annalen schon oben S. 85 f.

17. August in Kaina war [1]), wenn er sich also zu dieser Zeit stets in derselben sächsischen Gegend nachweisen läßt, so ist ein dazwischenliegender Aufenthalt in Nürnberg schon wegen der räumlichen Entfernung überaus unwahrscheinlich [2]). GIESEBRECHT schlägt daher vor, in den Pegauer Annalen einen Schreibfehler anzunehmen und Naumburg oder Neuenburg (an der Unstrut) statt Nürnberg zu setzen [3]). Aber abgesehen von den Bedenken, die sich gegen einen solchen Vorschlag erheben, ließe sich hiermit bestenfalls doch nur die Schwierigkeit der räumlichen Entfernung beseitigen. Daneben bleibt immer noch die weit größere Schwierigkeit der Chronologie: zwischen der angeblich ersten Ladung und der dritten Ladung des Annalisten, zwischen dem Hoftag zu Magdeburg (24. Juni) und dem Aufenthalt zu Kaina (Mitte August) lag nur eine Zeit von rund sieben Wochen, d. h. nur einige Tage mehr als die Mindestfrist, die für die Ladung von Fürsten vorgeschrieben war [4]). Demgegenüber verweist freilich SCHAEFER auf die im Juli begonnenen Feindseligkeiten Heinrichs, die eine Beschleunigung des Verfahrens rechtfertigen sollen [5]). Aber ich vermag doch nicht daran zu glauben, daß in dem so behutsam geführten Prozeß die Ladefristen, auf die in der Gelnhäuser Urkunde mit den Worten *legitimo trino edicto . . . citatus* hingewiesen wird, nicht eingehalten worden seien [6]); und selbst angenommen, es wäre hier ein derartig schwerer Formfehler begangen, dann hätte Heinrich daraufhin wohl Protest erhoben, was er

---

[1]) STUMPF 4283—4290.

[2]) COHN (GGA. 1868 S. 1765) und SCHAEFER (HZ. LXXVI, 404 Note 3) betonen die Möglichkeit eines Nürnberger Aufenthaltes; aber wenn auch die Annahme eines solchen Aufenthaltes nicht ganz unmöglich ist, so bleibt sie doch im höchsten Grade unwahrscheinlich.

[3]) GIESEBRECHT, Geschichte der deutschen Kaiserzeit V, 912 Note 2 und VI, 566.

[4]) Siehe oben S. 128 ff.

[5]) SCHAEFER in HZ. LXXVI, 395.

[6]) Vgl. dazu namentlich S. 144.

anscheinend nicht getan hat [1]). Schließlich möchte ich es auch nicht für einen Zufall halten, daß die Zwischenzeit zwischen den beiden Hoftagen nur wenig mehr als die gesetzmäßige Mindestfrist betrug. Aus allen diesen Gründen komme ich zu dem Schluß: zwischen Magdeburg und Kaina ist kein Gerichtstag einreihbar; die Angabe des Nürnberger Tages bei dem Pegauer Annalisten muß auf einem Irrtum beruhen.

Fand der dritte Gerichtstag Mitte August zu Kaina statt, so kann der Magdeburger Tag vom 24. Juni nicht der erste, sondern nur der zweite Gerichtstag gewesen sein. Hat hierin Arnold von Lübeck recht, dann wird man seinem Bericht auch vorher Vertrauen schenken und den ersten Gerichtstag nach Worms verlegen müssen, zumal gerade diese Nachricht eine Bestätigung in anderen Zeugnissen findet.

In Worms sind Kaiserurkunden vom 22. und 24. Januar ausgestellt [2]). Außerdem ist der Wormser Hoftag in mehreren Chroniken datiert: so ungenau von dem Erfurter Annalisten *in epiphania domini*, dagegen richtiger von dem Pöhlder Annalisten *post epiphaniam domini* und noch genauer von dem Kölner Chronisten und dem Pegauer Annalisten, die beide dasselbe Datum bringen *in octava epiphanie* und *in octavis epiphanie* [3]). Daß auf diesem Hoftag, der also am 13. Januar stattfand, die Streitsache Heinrichs des Löwen verhandelt wurde, das berichten uns übereinstimmend Arnold von Lübeck, der Kölner Chronist und der Annalist von S. Georgen im Schwarzwald [4]), während andererseits der

---

[1]) Heinrich focht das Urteil, und zwar nur das Achturteil, mit der Begründung an, daß er nicht in Schwaben gerichtet worden sei (siehe oben S. 111 ff.).

[2]) Stumpf 4272. 4273.

[3]) Monumenta Erphesfurtensia SS. Rer. Germ. p. 62; Annales Palidenses MG.SS. XVI, 95; Chronica regia Colon. SS. Rer. Germ. p. 130; Annales Pegavienses MG.SS. XVI, 262.

[4]) MG.SS. XVII, 296. Bezüglich der Glaubwürdigkeit des Annalisten vgl. oben S. 91 Note 3.

Pegauer Geschichtschreiber den Wormser Tag nennt, ohne ihn mit dem Prozeß Heinrichs in Verbindung zu bringen.

Forscher wie WEILAND, GIESEBRECHT und SCHAEFER [1]), die den Pegauer Annalen folgen, behaupten nun, daß der Prozeß erst im Sommer in Magdeburg begonnen habe und daß im Januar zu Worms sich nur Verhandlungen, die nicht gerichtlich waren, abgespielt hätten. Aber wie wir bereits nachgewiesen haben, daß der Magdeburger Tag nicht der erste, sondern der zweite Gerichtstag war, so läßt sich jetzt aus den übereinstimmenden Berichten Arnolds und des Kölner Chronisten auch dartun, daß der erste Gerichtstag zu Worms stattfand. Arnold von Lübeck [2]) erzählt nämlich: *imperator . . . curiam indixit apud Wormatiam, ducem tamen precipue ad audientiam citavit, illuc responsurum querimoniis principum. Quod intelligens dux eo venire dissimulavit. Imperator autem aliam ei curiam indixit in Magdeburg . . .*; und ähnlich der Kölner Chronist [3]): *curiam vero in octava epiphanie Wormacie habuit pro predicta dissensione Coloniensis episcopi et ducis et principum orientalium Saxonum, qui omnes iusticiam de duce a cesare implorabant, cum ille tamen absens esset . . . . . . Curia apud Magedeburg satis celebris. Querimonia omnium pene principum ibi habita est de duce Saxonum . . . .* Es heißt doch aus den Quellen mehr herauslesen, als sie enthalten, wenn man einen Wormser Verhandlungstermin und einen Magdeburger Gerichtstermin annimmt. Daß die beiden Tage vielmehr Termine in ein und demselben Verfahren waren, das ersieht man aus den Worten Arnolds *aliam ei curiam indixit* und aus den gleichbedeutenden Ausdrücken, die der Kölner Chronist hier wie dort gebraucht, *iusticiam de duce . . . implorabant* und

[1]) WEILAND in FDG. VII, 182; GIESEBRECHT, Geschichte der deutschen Kaiserzeit V, 903 f. 910; SCHAEFER in HZ. LXXVI. 393 f. Ebenso auch KLEIN (S. 16) und LUCAS (S. 23 f.).

[2]) MG.SS. XXI, 133 und SS. Rer. Germ. p. 47 sq.

[3]) SS. Rer. Germ. p. 130.

querimonia . . . habita est de duce. Die Abweichungen, die die Berichte der beiden Quellen zeigen, machen das gemeinsam Überlieferte nur um so glaubwürdiger; und aus dieser Übereinstimmung kann man daher als sicheres Resultat entnehmen, daß der Pegauer Annalist sich abermals geirrt haben muß, daß wie der Magdeburger Tag der zweite, so der Wormser der erste Gerichtstag war.

Der Kölner Chronist fügt seinem Bericht von dem Magdeburger Tag überdies noch die Worte hinzu: . . . *de duce Saxonum, qui iam per annum ad audientiam vocatus venire aut noluit aut timuit* . . . Daß hier eine Verwechslung vorliegt, ist klar, da der Magdeburger Tag schon im Sommer 1179 stattfand, während der Prozeß erst im Herbst 1178 begonnen haben kann. Trotzdem wird man unter der so bestimmt klingenden Angabe des Chronisten einen wahren Kern vermuten. Die Erklärung ist leicht zu finden: die Worte *per annum ad audientiam vocatus* sind auf den Würzburger Tag zu beziehen, der genau ein Jahr nach dem Wormser Tag fiel, und auf den der Herzog nochmals geladen wurde [1]); diese Erklärung ist um so einleuchtender, als unser Chronist in der Darstellung des Prozesses von dem Magdeburger sogleich auf den Gelnhäuser Tag überspringt, indem er den dazwischenliegenden Würzburger Aufenthalt des Kaisers nur in irrtümliche Beziehung zu dem Weihnachtsfest [2]), nicht aber in Beziehung zu dem Prozeß setzt. Wenn der Chronist die Ladungen sich über ein Jahr erstrecken läßt, so kann er, da die letzte Ladung auf Januar 1180 nach Würzburg erfolgte, mit der ersten Ladung nur die nach Worms, die ein Jahr zurücklag, gemeint haben.

[1]) Siehe oben S. 151 und S. 155. Über die Ladung siehe unten S. 161 Note 2.

[2]) Der Kölner Chronist (a. a. O. p. 130) schreibt: *Imperator natale domini apud Herbipolim celebrat.* Aber das Weihnachtsfest feierte der Kaiser in Ulm (siehe Giesebrecht, Geschichte der deutschen Kaiserzeit V, 918., VI, 569), während er in Würzburg erst im Januar nachweisbar ist.

Daß dem Wormser Tag eine gerichtliche Ladung vorausging, das besagen so nicht nur die Worte Arnolds *ducem tamen precipue ad audientiam citavit*, sondern auch die des Kölner Chronisten *iam per annum ad audientiam vocatus.*

Als Ort, von dem aus die Ladung erfolgte, nennt Arnold die Stadt Speier, indem er dort den Kaiser nach seiner Rückkehr aus Italien mit Heinrich dem Löwen und dem Kölner Erzbischof zusammentreffen läßt [1]). In der Tat ist der Kaiser nach jahrelanger Abwesenheit in Deutschland zuerst in Speier urkundlich nachzuweisen, und zwar am 31. Oktober 1178 [2]). Hierzu paßt wiederum die Erzählung des Pegauer Annalisten, daß der Kaiser in der Heimat von den Fürsten zu Martini, d. i. am 11. November, begrüßt wurde [3]). Kombiniert man die drei Nachrichten, so wird man den Speierer Hoftag auf den 11. November ansetzen können [4]).

Die Berichte über die Gerichtstage stimmen so mit den überlieferten Daten trefflich zusammen: im November 1178 auf dem Tage zu Speier erging die Vorladung des Herzogs vor das Hofgericht; der erste Gerichtstag fand im Jahre 1179 Mitte Januar zu Worms statt, der zweite Gerichtstag Ende Juni zu Magdeburg, der dritte Gerichtstag Mitte August zu Kaina, auf den noch ein letzter Gerichtstag im Januar 1180 zu Würzburg folgte.

Bei der großen Zahl von Hoftagen, die der Kaiser zu jener Zeit abhielt [5]), kann es nicht wundernehmen, wenn

---

[1]) Arnoldi Chron. lib. II cap. 10: *reversus est imperator de Ytalia, cui occurrit dux apud Spiram. Illatas sibi iniurias a domno Coloniensi conquestus est in presentia ipsius . . .*

[2]) Stumpf 4271.

[3]) Ann. Pegavienses (a. a. O.): *. . . in festo sancti Martini ex hac parte Alpium a principibus Teutonicis ei occurritur.*

[4]) Vgl. dazu Giesebrecht, Geschichte der deutschen Kaiserzeit V, 903. VI, 562.

[5]) Der Erfurter Annalist (Monumenta Erphesfurtensia SS. Rer. Germ. p. 62) erwähnt z. B. noch einen Hoftag zu Selz im April (siehe Stumpf 4276) zwischen dem Wormser und dem Magdeburger Tag;

die Chronisten die verschiedenen Versammlungen durcheinandermengen, wenn sich der eine besser über diesen, der andere besser über jenen Tag unterrichtet zeigt. Sichere Schlüsse lassen sich nur aus dem Vergleich mehrerer Quellen ziehen, und hierbei ergibt sich, daß keine der Darstellungen ohne Fehler ist: der Kölner Chronist erwähnt überhaupt nur den ersten und zweiten Gerichtstag; Arnold von Lübeck irrt sich im Ort des dritten und nennt nicht den Namen des vierten Tages; der Pegauer Annalist verwechselt den Namen des zweiten mit dem des ersten Tages und irrt sich dann im Ort des zweiten Tages. Neben dem Bericht des Pegauer Annalisten, der sich so keineswegs frei von Irrtümern erweist, verdienen hiernach die Erzählungen Arnolds und des Kölner Chronisten weit mehr Beachtung, als sie meist gefunden haben. Dieser quellenkritische Standpunkt ist nicht neu: er ist im wesentlichen schon von FICKER, WAITZ und SCHEFFER-BOICHORST vertreten worden.

Während ich so in der Fixierung der drei Gerichtstage eine ältere Meinung wiederaufnehme, steht meine Auffassung von der rechtlichen Bedeutung dieser drei Tage im Widerspruch zu der Anschauung aller früheren Forscher.

Bisher hat man allgemein die ersten drei Gerichtstage als die landrechtlichen des Achtverfahrens betrachtet; und auf die Frage nach den drei Tagen des lehnrechtlichen Verfahrens gab man die verschiedensten Antworten, die alle mehr oder weniger unbefriedigend sind. Die Ansichten von WEILAND, WAITZ und SCHAEFER, die das land- und das lehnrechtliche Verfahren nicht scheiden, kann ich hier beiseite lassen [1]);

---

und so fanden vielleicht noch andere Hoftage statt, von denen wir keine nähere Kunde haben.

[1]) WEILAND und WAITZ nehmen eine Verquickung oder Verbindung lehn- und landrechtlicher Elemente an, allerdings in etwas abweichender Form; WEILAND (in FDG. VII, 171) schreibt: „Der Reichstag konstituierte sich hierauf als Lehnhof"; dagegen WAITZ

denn eine solche Scheidung hat nach dem Wortlaut der Gelnhäuser Urkunde zweifellos stattgefunden [1]). Ficker, der die Scheidung durchführt, vermutet, „daß spätere Ladungen des ersten und frühere Ladungen des zweiten Verfahrens auf denselben Tag zusammentrafen" [2]): das Achtverfahren läßt er in Kaina, das lehnrechtliche Verfahren, neben dem er sich noch ein Oberachtverfahren parallellaufend denkt, in Würzburg endigen. Klein und Lucas, die ebenfalls drei Verfahren, aber mit neun Ladungen annehmen, wollen, im einzelnen voneinander abweichend, die neun Ladungen auf sechs Gerichtstage verteilen [3]), indem sie die Sechszahl durch Benutzung der verworrenen Schilderung Ottos von S. Blasien erreichen, — phantastische Erklärungsversuche, die nicht ernst zu nehmen sind [4]). Klein gegenüber hat schon Schaefer betont, daß alsdann die Lösung Fickers immer noch glaubhafter erscheint [5]). Aber auch die Lösung Fickers ist nicht annehmbar, da sie sich quellenkritisch nicht begründen läßt.

(in FDG. X, 159): „Daß das Hofgericht sich besonders als Lehnsgericht konstituiert habe . . ., davon wissen wir nichts: es war ohne weiteres in allen Lehnssachen der Fürsten kompetent." Schaefer geht auf das Verhältnis von Landrecht und Lehnrecht nicht näher ein.

[1]) Siehe Kapitel 3 S. 107 ff.

[2]) Ficker in FDG. XI, 314.

[3]) Klein nimmt als Termine an in dem Achtverfahren: Magdeburg-Naumburg-Kaina, in dem Hochverratsverfahren: Magdeburg-Naumburg (oder Erfurt)-Kaina, in dem lehnrechtlichen Verfahren: Ulm-Regensburg-Würzburg. Dagegen nimmt Lucas als Termine an in dem Achtverfahren: Magdeburg-Naumburg-Kaina, in dem Hochverratsverfahren: Naumburg-Kaina-Würzburg, in dem lehnrechtlichen Verfahren: Regensburg-Ulm-Würzburg.

[4]) Gegenüber ähnlichen Erklärungsversuchen früherer Forscher hat schon einmal Waitz (in FDG. X, 155 f.) treffend bemerkt: „nur durch ein unkritisches Zusammenzählen aller von verschiedenen Autoren genannten Rechtstage ist man wohl zu der Zahl sechs gelangt; den Würzburger für den sechsten zu halten ist ganz unmöglich."

[5]) Schaefer in HZ. XCI, 539 ff.

Daß alle Lösungsversuche bisher gescheitert sind, das liegt in der falschen Rechtsanschauung von den drei landrechtlichen Ladefristen begründet. Wie ich im vorigen Kapitel zeigte, haben drei Ladungen nicht nach Landrecht, sondern nur nach Lehnrecht stattgefunden, und so müssen — dies ist ein unabweisbarer Schluß — die drei Ladungen, von denen Arnold und der Pegauer Annalist berichten, dieselben drei Ladungen sein, die die Gelnhäuser Urkunde als lehnrechtliche bezeichnet.

Es ist also nicht das landrechtliche, sondern das lehnrechtliche Verfahren, zu dem die drei Ladungen im Jahre 1179 ergingen: die erste Ladung auf den 13. Januar nach Worms, die zweite auf den 24. Juni nach Magdeburg, die dritte auf Mitte August nach Kaina.

Dem lehnrechtlichen Verfahren muß aber auch, wie die Gelnhäuser Urkunde und die Magdeburger Annalen bezeugen, der spätere Würzburger Tag vom Januar 1180 angehören [1]. Daß der Angeklagte zu diesem Würzburger Tage nochmals förmlich geladen wurde, das berichten der Magdeburger wie der Pegauer Annalist und Arnold von Lübeck [2]; und aus den sich ergänzenden Erzählungen Arnolds und des Pegauer Annalisten kann man noch weiter entnehmen, daß der Würzburger Tag ein vierter Gerichtstag war, zu dem die Ladung von dem dritten Tage aus erfolgte [3].

Es taucht nun die Frage auf: wie ist die Existenz eines vierten Gerichtstages zu erklären?

---

[1]) Siehe oben S. 86 f.

[2]) Ann. Magdeburgenses (MG.SS. XVI, 194): *ad curiam Wirciburc vocatus*; Ann. Pegavienses (MG.SS. XVI, 263): *curiam habuit in Wirciburg, ad quam dux Heinricus vocatus non venit*; Arnoldi Chronica lib. II cap. 10 (MG.SS. XXI, 133 und SS. Rer. Germ. p. 48): *Quartam tamen adhuc curiam rogatu principum ei indixit. . .*"

[3]) Aus der Darstellung Arnolds ergibt sich, daß von dem dritten Tage aus die Ladung zu dem vierten Tage erfolgte; daß ferner dieser vierte Tag der Würzburger Tag war, das geht aus dem Bericht des Pegauer Annalisten hervor.

Auf diese Frage ist bisher noch keine befriedigende Antwort gegeben worden. FICKER und SCHAEFER, die den Würzburger Tag als dritten Gerichtstag eines zweiten Verfahrens betrachten, haben eine solche Frage überhaupt nicht ins Auge gefaßt. WEILAND, der hier richtiger nur ein Verfahren, freilich ein landrechtliches, annimmt, ist der Meinung: das Urteil, das auf dem dritten Tage gesprochen wurde, habe auf dem vierten Tage Rechtskraft erlangt durch „Erkenntnis der Sachfälligkeit" [1]). WAITZ vertritt die ähnliche Ansicht, daß auf dem dritten Tage „schon ein vollständiges Urteil gefällt" und daß „nur das Inkrafttreten des Urteils" auf den Würzburger Tag verschoben sei [2]). Demgegenüber hob bereits SCHAEFER hervor, daß hierbei eine vierte Vorladung des Angeklagten keine ausreichende Erklärung findet [3]).

Treten wir dem Problem näher, so steht zunächst außer Zweifel, daß auf dem Würzburger Tage ein wirkliches Urteil gefällt wurde; das ist uns in den verschiedensten Quellen bezeugt: in der Gelnhäuser Urkunde wie in den Magdeburger, den Pegauer, den Erfurter Annalen, in der Lauterberger Chronik und bei Otto von S. Blasien [4]).

Daß andererseits auch auf dem dritten Tage zu Kaina ein Urteil gesprochen wurde, das ist eine Annahme, die von WEILAND und WAITZ, FICKER und SCHAEFER, KLEIN und

[1]) FGD. VII, 183.

[2]) FDG. X, 157.

[3]) HZ. LXXVI, 396. Aber nicht zutreffend erscheint mir die Behauptung SCHAEFERS: „Eine vierte Berufung in der gleichen Sache wäre auch gegen den Rechtsbrauch." Zutreffend ist vielmehr, daß nach Lehnrecht mindestens drei Ladungen vorgeschrieben waren, daß erst die dritte Ladung peremtorisch war.

[4]) Siehe schon oben S. 151 Note 1. Allerdings sind der Erfurter Annalist und Otto von S. Blasien schlechte Gewährsmänner; und der Lauterberger Chronist kopiert den Pegauer, der Pegauer den Magdeburger Annalisten. Aber das Zeugnis dieses einen Magdeburger Annalisten genügt vollkommen im Zusammenhang mit dem Zeugnis der Gelnhäuser Urkunde. Vgl. auch unten S. 164.

Lucas übereinstimmend vertreten wird [1]), die jedoch im letzten Grunde allein auf dem Bericht Arnolds von Lübeck beruht. Denn wenn die Gelnhäuser Urkunde von einer dreimaligen Vorladung (*trino edicto .. citatus*) spricht, so ist hiermit noch keineswegs gesagt, daß das Urteil auf dem dritten Tage gefällt wurde. Und wenn der Pegauer Annalist von einer Heerfahrt der Fürsten gegen Heinrich berichtet, die sogleich nach dem Tage von Kaina beschlossen worden sei, so ist hieraus nicht etwa auf ein vorausgegangenes Urteil zu schließen, da jene Heerfahrt nur die Antwort auf Angriffe war, welche Anhänger des Herzogs unmittelbar vorher unternommen hatten [2]). So bleibt als Zeugnis allein der Bericht Arnolds, der folgendermaßen lautet [3]): *Exinde imperator tertiam ei curiam Goslarie prefixit ...... sententiam adversus eum proposuit, querens, quid iustitia super hoc decernat, quod tertio legitime vocatus iudicium declinaverit ...... Cui ex sententia principum responsum est, quod dictante iustitia omni sit honore destituendus ...... Confirmata igitur sententia imperator adiudicavit fieri. Quartam tamen adhuc curiam rogatu principum ei indixit; ad quam cum non venisset, fecit, ut superius ex sententia principum instructus erat ...* Inwieweit die Einzelheiten des Berichtes Glauben verdienen, bleibt zweifelhaft. Will man hiernach annehmen, daß schon auf dem dritten Tage ein Urteil gefällt wurde, so kann dieses Urteil kein definitives, sondern nur ein vorläufiges gewesen sein. Wie etwa im Prozeß Ottokars zunächst zu Nürnberg ein prinzipieller Fürstenspruch erfolgte, auf den hin der Prozeß dort überhaupt erst eingeleitet wurde [4]), so könnte ähnlich auch

---

[1]) Weiland in FDG. VII, 177 ff.; Waitz in FDG. X, 156 f.; Ficker in FDG. XI, 313; Schaefer in HZ. LXXVI, 408 f.; Klein S. 16 ff. und Lucas S. 41.

[2]) Hierüber handle ich noch weiter unten S. 168 f. ausführlicher.

[3]) Arnoldi Chronica lib. II cap. 10 (a. a. O.).

[4]) Siehe oben S. 120 Note 4.

gegen Heinrich den Löwen ein vorläufiges Urteil der Fürsten über die theoretische Frage des gerichtlichen Ungehorsams stattgefunden haben: der Kaiser holte den Spruch der Fürsten in einer Rechtsfrage ein und trat als Gerichtsherr diesem Fürstenspruch bei. Aber das definitive Urteil gegen den Angeklagten kann erst auf dem vierten Tage ergangen sein.

Die Erzählung Arnolds erhält nämlich eine Ergänzung und Erläuterung in einem urkundlichen Zeugnis. In einem zu Würzburg bald nach dem Hoftage ausgestellten Dokument [1]) gebraucht der Kaiser die Worte: *generali curia Wirciburc celebrata, in qua cum imperii nostri principibus de discordia inter nos et nepotem nostrum Heinricum tunc ducem Saxonie nuper orta tractavimus.* Aus dieser Urkundenstelle geht hervor: 1. Der Würzburger Tag war ein richtiger Verhandlungstermin des Fürstengerichts (*cum imperii nostri principibus ... tractavimus*). 2. Verhandelt wurde über eine Klage des Kaisers gegen Heinrich (*de discordia inter nos et .. Heinricum*). 3. Diese Klage war erst jüngst erhoben (*nuper orta*). Mit der Klage kann nicht gemeint sein die Beschuldigung des Hochverrats, die ja nicht vom Kaiser, sondern vom Markgrafen Dietrich vertreten wurde und die daher keinen Streitpunkt (*discordia*) zwischen Herzog und Kaiser darstellte. Gemeint kann nur sein die Klage des Kaisers über die Unbotmäßigkeit des Herzogs, insbesondere über seinen gerichtlichen Ungehorsam.

Zwischen der urkundlichen Darstellung, die Verhandlungen auf dem Würzburger Tage erwähnt, und der Erzählung Arnolds, die die Verhandlungen schon auf dem vorausgehenden dritten Tage beendigt werden läßt, besteht allerdings ein gewisser Widerspruch, der aber leicht zu heben ist. Denn die Worte Arnolds, der nicht einmal die Orte

[1]) Stumpf 4299: Monumenta Boica XXIXa, 434 und Prutz, Friedrich I. Bd. III, 387. Die Urkunde ist ausgestellt ohne Tagesdatum in Würzburg, offenbar kurze Zeit nach dem Hoftag.

des dritten und vierten Tages kennt, dürfen nicht auf die Wagschale gelegt werden. Glaubwürdig ist wohl nur seine Nachricht, daß die Klage des Kaisers erst auf dem dritten Gerichtstage erhoben wurde, da ja Hauptgegenstand der Klage gerade das Versäumen der drei Gerichtstage war[1]). Nicht unwahrscheinlich ist auch, daß der Kaiser, wie Arnold erzählt, schon auf dem dritten Tage einen Fürstenspruch über die Folgen des gerichtlichen Ungehorsams eingeholt hat. Aber verhandelt wurde über die Klage des Kaisers noch auf dem folgenden Würzburger Tage, wie die urkundliche Darstellung bezeugt.

Die Ansetzung eines vierten Gerichtstages war eine Folge der neuen Klage, die der Kaiser auf dem dritten Tage erhob. Es war eine besondere Vergünstigung, die Heinrich gewährt wurde [2]); denn wegen des offenkundigen gerichtlichen Ungehorsams hätte der Angeklagte schon auf dem dritten Tage als *reus maiestatis* verurteilt werden können. Indem freilich auf dem dritten Tage der Kaiser öffentlich als Kläger auftrat und indem sich seine Klage nicht nur auf den gerichtlichen Ungehorsam bezog, sondern auch allgemeiner auf die der Majestät erwiesene Mißachtung (*pro multiplici contemptu nobis exhibito*), lag wohl ein Rechtsgrund für eine neue Vorladung vor: man mochte Bedenken tragen, den Angeklagten auf Grund der neuen Klage ungehört zu verurteilen. Jedenfalls zeigt die Anberaumung eines vierten Gerichtstages, die an sich zur Urteilsfällung nicht erforderlich gewesen wäre, wie vorsichtig man gegen Heinrich vorging, wie behutsam man auf Einhaltung aller Rechtsnormen bedacht war.

---

[1]) Auch steht nach der Gelnhäuser Urkunde wie nach anderen Quellen (siehe z. B. Chronica S. Petri Erfordensis moderna, Mon. Erphesfurtensia SS. Rer. Germ. p. 188 sq.) fest, daß der Prozeß ursprünglich nur auf Klage der Fürsten eingeleitet worden war.

[2]) Daher die Betonung der großen Zahl der Gerichtstage in verschiedenen Quellen, wie in den Pöhlder Annalen und in der Erfurter S. Peterschronik (siehe oben S. 150 Note 4).

Möglich, daß bei Ansetzung des vierten Gerichtstages ein Beschluß der Fürsten mitgewirkt hat, daß insofern die Darstellung Arnolds, der von *rogatu principum* spricht [1]), nicht unrichtig ist. Aber die dem Angeklagten gebotene Vergünstigung ging doch wohl zuletzt nicht auf die Fürsten zurück, sondern auf den Kaiser, der durch die Erhebung der neuen Klage einen Anlaß für die Hinausschiebung des Urteils schuf.

Das Urteil, das schließlich zu Würzburg gesprochen wurde, läßt sich in zwei Bestandteile zerlegen: wie sich aus der Gelnhäuser Urkunde ergibt, wurde der Angeklagte schuldig befunden des Vergehens gegen den Kaiser wie des Vergehens gegen die Fürsten, und hiermit wurde er zugleich unwürdig jeglichen Lehnsbesitzes erklärt. Das Urteil gipfelte so in der Aberkennung der Lehen.

Mit dem Würzburger Urteil erreichte das lehnrechtliche Verfahren seinen Abschluß. Daß dieser letzte Tag des Verfahrens gerade am 13. Januar 1180 abgehalten wurde, genau ein Jahr nach dem Wormser Tage, zu dem die erste Ladung ergangen war, das beruhte auf keiner Rechtsbestimmung, geschah aber sicherlich nicht ohne Absicht; denn solche auf Jahr und Tag stimmenden Fristen pflegten im Mittelalter mit Vorliebe ausgedacht zu werden. Von größerer Bedeutung als der Tag der Versammlung war die Zahl der Versammelten: um dem Gerichtsbeschluß Gewicht beizulegen, mußte der Kaiser zur Teilnahme am Hofgericht nach Würzburg möglichst viele Fürsten laden, und zwar Fürsten aus allen Gegenden Deutschlands, da es sich hier nicht um ein landrechtliches, sondern um ein lehnrechtliches Urteil handelte. In der Tat sind auf diesem Hoftage, wie die Annales Ottenburani minores erzählen [2]), schwäbische, sächsische und

---

[1]) Der Ausdruck könnte auch ein tendenziöser Zusatz sein, wie ja die ganze Darstellung Arnolds tendenziös gefärbt ist.

[2]) MG.SS. XVII, 316: *Igitur paucos secum ibi habens inperator de principibus regni sui, nec tale quid volebat sine consilio eorum deter-*

fränkische Fürsten erschienen [1]). Während der dritte Gerichtstag zu Kaina wohl nur schwach besucht war [2]), hat sich der Würzburger Tag, der Schlußtag des lehnrechtlichen Verfahrens, besonders feierlich gestaltet.

Es bleibt jetzt noch die Frage zu untersuchen: Welchen Verlauf nahm das landrechtliche Verfahren? Auf welchen Gerichtstagen hat es sich abgespielt?

Weiland [3]) und Waitz [4]) verlegen den Achtspruch nach Kaina (August 1179); Giesebrecht [5]) setzt ihn nach Würzburg (Januar 1180); Ficker [6]) und Schaefer [7]) lassen die Acht in Kaina, die Oberacht (Friedlosigkeit) in Würzburg eintreten. Aber die Gründe, die der eine für diese, der andere für jene Meinung vorbringt, sind entweder irrig oder nicht beweiskräftig.

Irrig ist die von allen vertretene Auffassung, daß der Acht eine dreimalige Ladung habe vorausgehen müssen [8]). Irrig ist auch die Auffassung von Ficker und Schaefer,

---

minare, ac satisfacere cupiens parti utrique, memorato abbati generalem curiam apud Herbipolim celebraturus indicit . . . . . . Ibi coadunatis principibus, Suevorum scilicet, Francorum et Saxonum . . . Hier sind die zahlreichen Fürsten, die in Würzburg erschienen, den wenigen Fürsten, die vorher beim Kaiser in Ulm weilten, gegenübergestellt.

[1]) Vgl. dazu Giesebrecht(-Simson), Geschichte der deutschen Kaiserzeit VI, 569 f.

[2]) Der Gerichtstag zu Kaina scheint nicht sehr zahlreich besucht gewesen zu sein; aber ich glaube doch nicht, daß wegen des geringen Besuchs kein Beschluß gefaßt wurde, sondern umgekehrt, daß der Tag nicht zahlreich besucht war, weil er nicht der Schlußtag des Verfahrens war: vorher nach Magdeburg und nachher nach Würzburg hat der Kaiser mehr Fürsten geladen.

[3]) FDG. VII, 177 ff.

[4]) FDG. X, 156 f.

[5]) Geschichte der deutschen Kaiserzeit V, 918. VI, 569 f.

[6]) FDG. XI, 313.

[7]) HZ. LXXVI, 409. Ebenso Klein (S. 16 ff.) und Lucas (S. 41).

[8]) Siehe Kapitel 3 S. 125 ff.

daß nach dem Achtverfahren noch ein Oberachtverfahren eingeleitet worden sei [1]).

Nicht stichhaltig ist die Beweisführung WEILANDS. Ich habe bereits oben die Gründe entkräftet, die für einen in Kaina gefällten definitiven Urteilsspruch zu sprechen scheinen [2]). Ich will jetzt noch insbesondere den einen Grund beleuchten, der für einen dortigen Achtspruch angeführt wird. Der Pegauer Annalist berichtet [3]) : *Terciam curiam in Cuine eidem duci indixit, et non venit; statimque ab omnibus principibus expeditio contra ducem indicta est.* WEILAND behauptet nun, daß die hier erwähnte Heerfahrt „die Exekution der Acht" gewesen sei [4]). Aber die Reichsheerfahrt, die die Exekution der Oberacht war, wurde nachweislich erst im Jahre 1180 vom Kaiser angesagt [5]). Der Kriegszug des Jahres 1179 stellte dagegen nichts weiter dar als eine notgedrungene Abwehr der Fürsten gegen einen von den herzoglichen Truppen unternommenen Angriff, eine Abwehr, an der sich der Kaiser persönlich gar nicht beteiligt hat [6]). Daß der Kaiser eine solche Fehde der Fürsten gegen den Herzog zuließ [7]), daraus darf man, da es sich um eine Verteidigungsmaßregel handelte, kaum irgendwelche Schlüsse ziehen. Selbst wenn jedoch einer daraus die Existenz der Acht folgern wollte, so würde sich doch höchstens ergeben, daß die Acht vorausgegangen,

---

[1]) Siehe Kapitel 2 S. 77 ff.

[2]) Siehe S. 163 f.

[3]) MG.SS. XVI, 262.

[4]) FDG. VII, 177.

[5]) Vgl. GIESEBRECHT, Geschichte der deutschen Kaiserzeit V, 923. VI, 571.

[6]) Ebendort V, 912 f. VI, 566 f.

[7]) Siehe insbesondere Annales Palidenses (MG. SS. XVI, 95): *Principes orientales favente inperatore contra ducem coadunati.* Irrig berichtet dagegen die Kölner Königschronik (SS Rer. Germ. p. 130): *expedicio in Saxoniam ab imperatore et principibus collaudatur.*

keinesfalls aber, daß sie unmittelbar vorausgegangen sei. So wenig schlüssig demnach die Argumentation ist, trotzdem schreibt WAITZ[1]): „WEILAND hat gezeigt, daß die Acht in Kaina erfolgt sein muß"; und SCHAEFER[2]) wiederholt den falsch angewendeten Satz: „Die Heerfahrt war die Exekution der Acht". Demgegenüber hat schon GIESEBRECHT[3]) mit vollem Recht bemerkt: „Daß zu Kaina wirklich vom Kaiser bereits die Acht ausgesprochen sei, wie dies WEILAND annimmt, ist aus den Quellen nicht zu entnehmen."

Die positive Ansicht, die GIESEBRECHT[4]) seinerseits vertritt, entbehrt aber ebenfalls jeder sicheren Quellenbasis. Denn der einzige Gewährsmann, auf den sich die Annahme eines Würzburger Achtspruchs stützen läßt, ist der Erfurter Annalist, dessen Erzählung schon früher einmal von WEILAND als unglaubwürdig zurückgewiesen worden ist[5]). Der Erfurter Annalist zeigt sich nämlich über den Verlauf des Rechtsverfahrens schlecht unterrichtet: er kennt als Gerichtstag allein den Würzburger Tag und gibt genau dieselben Gründe des Urteils an, die auch in der Gelnhäuser

---

1) FDG. X, 156.

2) HZ LXXVI, 408.

3) Geschichte der deutschen Kaiserzeit VI, 567. Ebenso bereits FECHNER in FDG. V, 485 und HAHN im Jahresbericht der Louisenstädtischen Realschule 1869, S. 16 Note 6. Dagegen haben FICKER, LUCAS und KLEIN mit WAITZ und SCHAEFER die Ansicht WEILANDS als ein gesichertes Ergebnis hingestellt.

4) Geschichte der deutschen Kaiserzeit V, 918; die Quellen, die Bd. VI, 570 angeführt werden, beweisen nichts für eine Acht in Würzburg.

5) WEILAND in FDG. VII, 178: „Doch zeigt nähere Betrachtung, daß sie (nämlich die Annalen) in dieser Zeit nicht sehr gut, über den Verlauf des Prozesses garnicht unterrichtet sind. Sie haben aller Wahrscheinlichkeit nach ihren Bericht über die Verurteilung aus der Gelnhäuser Urkunde oder einer ähnlichen entnommen ... So konnten die Annalen leicht dazu kommen, Ächtung und Absetzung auf diesen Tag, von dem sie allein Kunde hatten, zu konzentrieren."

Urkunde angeführt werden. Allerdings scheint er nicht gerade aus der Gelnhäuser Urkunde geschöpft zu haben, da er die Gelnhäuser Vorgänge, die Teilung Sachsens u. a., nicht erwähnt. Aber eine Schilderung des Prozesses, wie sie uns heute in dem Gelnhäuser Dokument vorliegt, muß früher auch in anderen Urkunden existiert haben, so z. B. in der Urkunde, die von der Belehnung Bernhards handelte [1]); und aus einer solchen Urkunde dürfte in der Tat der Erfurter Annalist seinen Bericht zusammengestellt haben. Seine Abhängigkeit beweist er nämlich schlagend dadurch, daß er die Gründe des Urteils in umgekehrter Reihenfolge nennt und so eine heillose Verwirrung anrichtet: der Achtspruch wird hier an den Schluß gestellt. Dies ist mit der urkundlichen Darstellung, in der der Achtspruch dem Würzburger Urteil vorausgeht, unvereinbar; und hiermit ist die annalistische Erzählung als zweifellos irrig, die Ansicht Giesebrechts als unhaltbar dargetan.

Sind so die bisherigen Argumentationen alle nicht schlüssig, so will ich jetzt meinerseits den Achtspruch zu datieren suchen.

Ich gehe davon aus, daß, wenn die Oberacht nicht unmittelbar verhängt wurde, zwischen Acht und Oberacht der Zeitraum von Jahr und Tag, d. h. von einem Jahre[2]), liegen muß. Daß die Rechtsbestimmung von Jahr und Tag schon zu jener Zeit bestand, das ersieht man aus den Sätzen des rheinfränkischen Landfriedens vom Februar 1179 [3]). Und daß im Prozeß Heinrichs die Oberacht nicht unmittelbar infolge eines Oberachtverfahrens verhängt wurde, das ergibt sich, wie ich bereits zeigte, aus dem Wortlaut der

---

[1]) Waitz in FDG. X, 166 Note 1 trifft in seiner Polemik gegen Weiland nicht den Kern der Sache; denn Weiland meint mit einer „ähnlichen" Urkunde offenbar ein Dokument, das denselben „Bericht über die Verurteilung" enthielt.

[2]) Siehe Exkurs III.

[3]) MG. Const. I, 382. Siehe oben S. 77 f.

Gelnhäuser Urkunde[1]). Eine Bestätigung wäre nicht erforderlich; denn daß die Chronisten, die alle nur einzelne, meist äußerliche Vorgänge des Prozesses erwähnen, nichts von der Frist von Jahr und Tag berichten, kann nicht auffallen. Die einzige Quelle, die uns überhaupt eine diesbezügliche Nachricht überliefert, ist die späte sächsische Weltchronik, die neben falschen auch richtige Angaben enthält[2]); und diese Quelle bestätigt nun zum Überfluß ausdrücklich meine Auffassung: *In der achte belef he jar unde dach, darumbe ward eme verdelet echt unde recht unde egen unde len; dat egen in de koninglike walt, dat len al sinen herren ledich*[3]).

Lag im Prozeß Heinrichs die Frist von Jahr und Tag zwischen Acht und Oberacht, so braucht man, um das Datum des Achtspruchs zu erhalten, nur den Beginn der Oberacht zu bestimmen. Ich verweise da zuerst wieder auf den Wortlaut der Gelnhäuser Urkunde, aus dem sich ergibt, daß zur Zeit des Würzburger Tages im Januar und zur Zeit des Gelnhäuser Tages am 13. April 1180 die Oberacht noch nicht eingetreten war[4]). Dazu finde ich anderwärts eine noch genauere Zeitbestimmung. Wie die Pegauer Annalen berichten, wurde nämlich nach dem Würzburger Tage ein Waffenstillstand zwischen Heinrich und dem Fürsten bis zum 27. April 1180 verabredet[5]): aus dieser Tatsache scheint mir unwiderleglich hervorzugehen, daß Heinrich sich nicht vor dem 27. April in der Oberacht befunden hat; denn einem zur Oberacht verurteilten, d. i. rechtlosen, Mann konnte ein Waffenstill-

[1]) Siehe S. 87 f.

[2]) MG. Deutsche Chroniken II, 230.

[3]) Waitz (in FDG. X, 156) weist zwar auf diese Darstellung der sächsischen Weltchronik hin, nennt sie aber „notorisch unrichtig".

[4]) Siehe oben S. 88.

[5]) Ann. Pegavienses MG.SS. XVI, 263. Vgl. Giesebrecht, Geschichte der deutschen Kaiserzeit V, 921. VI, 570.

stand nicht mehr bewilligt werden. Obgleich Heinrich sogleich nach Ablauf des Waffenstillstandes wieder zum Angriff vorging und die Kämpfe sich fortsetzten, ordnete der Kaiser die Reichsheerfahrt gegen den Kampflustigen doch erst auf den 25. Juli an [1]). Der Terminus ad quem ist also der 25. Juli, der Terminus a quo der 27. April: die Oberacht begann zwischen dem 27. April und 25. Juli, vermutlich nicht allzulange Zeit vor dem 25. Juli 1180.

Ist der Anfang der Oberacht ein Jahr nach dem Achtspruch anzusetzen, so muß die Acht zwischen dem 27. April und 25. Juli 1179 gefällt worden sein. Innerhalb dieses Zeitraumes ist aber überhaupt nur ein Gerichtstag in Sachen Heinrichs abgehalten worden [2]): der Magdeburger Tag vom 24. Juni; denn der vorausgehende Tag in Worms (13. Januar) fiel zu früh, der folgende Tag in Kaina (Mitte August) zu spät, und so kann hier nur der Magdeburger Tag in Betracht kommen.

Aus der Beweisführung ergibt sich folglich die Datierung des Achtspruches auf den 24. Juni 1179.

Zu demselben Ergebnis gelangen wir auch bei Betrachtung der verschiedenen Quellennachrichten, die uns über den Achtspruch und den Magdeburger Tag überliefert sind.

Die Acht wird erwähnt in der Gelnhäuser Urkunde, in der Chronik Arnolds von Lübeck, in den Steterburger, den Admonter und den Erfurter Annalen. Auszuscheiden ist die Notiz der Erfurter Annalen, die im Widerspruch zu den anderen Quellenberichten den Achtspruch erst im Jahre 1180 nennen [3]). Demgegenüber verlegen die Steterburger und die Admonter Annalen den Achtspruch richtiger

[1]) Ann. Pegavienses a. a. O. Giesebrecht V, 923. VI, 571. Wenn aber hier Giesebrecht die Ankündigung der Reichsheerfahrt schon auf dem Gelnhäuser Tage annimmt, so ist dies eine Hypothese, der ich nicht zustimmen kann (siehe weiter unten).

[2]) Siehe oben S. 151 ff.

[3]) Monumenta Erphesfurtensia SS. Rer. Germ. p. 64. Siehe oben S. 169 f.

in das Jahr 1179[1]. Auch Arnold von Lübeck erzählt von der Ächtung im Jahre 1179 bei Schilderung des dritten Gerichtstages, der Mitte August stattfand: da aber hier Arnold den Achtspruch nur in einem Nebensatz als Parenthese zu dem lehnrechtlichen Urteil berührt *ita ut, proscriptione publica diiudicatus, et ducatu et omnibus beneficiis careat*, so lassen sich daraus keine weiteren Schlüsse ziehen[2]. Auch aus der folgenden Erzählung Arnolds *Dux autem iniuste de se iudicatum esse affirmabat, dicens se de Suevia oriundum, et nullum proscriptione dampnari posse, nisi convictum in terra nativitatis sue* ist höchstens zu entnehmen, daß die Acht nicht in Schwaben gefällt wurde, was ja nicht nur auf den Magdeburger Tag, sondern auch auf andere Gerichtstage passen würde.

Weiter führen uns erst die Angaben der Gelnhäuser Urkunde, aus denen sich dreierlei folgern läßt: 1. die Acht wurde vor dem lehnrechtlichen Urteil ausgesprochen; 2. nach dem Achtspruch fanden noch Gewalttaten Heinrichs, über welche Klage geführt wurde, statt; 3. bei dem Achtverfahren waren Schwaben als Urteiler beteiligt.

Ad. 1. Wurde die Acht vor dem lehnrechtlichen Urteil gesprochen, so muß sie vor dem Tage von Würzburg, auf dem das lehnrechtliche Urteil erging[3], gefällt worden sein.

Ad 2. Die Gewalttaten, die dem Angeklagten nach der Acht zum Vorwurf gemacht wurden, (*in ecclesias dei et principum et nobilium iura et libertatem grassari non destiterit*) müssen vor dem Tage von Kaina stattgefunden haben; denn da die Fürsten unmittelbar nach dem Tage von Kaina zum Angriff gegen Heinrich vorgingen, so konnten die fol-

---

[1] Annales Stederburgenses MG.SS. XVI, 213; Annales Admuntenses MG.SS. IX, 585. Vgl. Weiland in FDG. VII, 178 Note 1.

[2] Arnoldi Chronica lib. II cap. 10. MG.SS. XXI, 133 (SS. Rer. Germ. p. 48 sq.). Hier liegt offenbar eine Vermengung des landrechtlichen und des lehnrechtlichen Urteils vor.

[3] Siehe oben S. 82 ff. 151. 161.

genden Kämpfe doch nicht mehr Heinrich zur Last gelegt werden. In der Tat kamen gerade zwischen dem Tage von Magdeburg und dem von Kaina Gewalttaten der herzoglichen Truppen vor [1]): diese Gewalttaten vom Sommer 1179 sind allem Anschein nach in der Gelnhäuser Urkunde gemeint.

Ad 3. Schwaben sind auf dem Hoftage von Kaina (Mitte August) nicht nachweisbar, wohl aber auf dem Tage zu Worms (13. Januar) und auf dem Tage zu Magdeburg (24. Juni) [2]). Zu Worms fanden sich unter anderen ein: Herzog Welf, der Herzog von Zähringen, der Pfalzgraf von Tübingen, je zwei Grafen von Kirchberg und von Berg. Auf dem Hoftage zu Magdeburg läßt sich allerdings nur in dem Text einer Urkunde [3]) (die Zeugenreihen der Kaiserurkunden [4]) lassen uns hier in Stich) die Anwesenheit eines Schwaben und die Vorladung eines zweiten feststellen; daß aber überhaupt schwäbische Fürsten nach dem fernen Magdeburg geladen wurden, dafür muß ein schwerwiegender Grund vorgelegen haben. Dies hat schon Scheffer-Boichorst [5]) betont, indem er vermutet, daß weit mehr Schwaben, als wir zufällig nachweisen können, in Magdeburg geweilt haben mögen: „. . . . dahin (nach Magdeburg) war der Abt von Schaffhausen gekommen; schwerlich hatte er bloß zu dem Zwecke, um eine Klage gegen den Grafen von Vöhringen anzustrengen, die weite Reise unternommen; vom Kaiser

---

1) Vgl. Giesebrecht, Geschichte der deutschen Kaiserzeit V, 912 f. VI, 566 f.

2) Vgl. Scheffer-Boichorst in DZG. III, 324 f., siehe dazu Schaefer in HZ. LXXVI, 410 Note 2 und die Replik von Scheffer-Boichorst, Zur Geschichte des 12. und 13. Jahrhunderts, S. 201 Note 1.

3) C. B. A. Fickler, Quellen und Forschungen zur Geschichte Schwabens und der Ostschweiz S. 62 ff.

4) Stumpf 4282 und 4283 (Urkunden, die sächsische Angelegenheiten betreffen und daher von Sachsen bezeugt sind).

5) Zur Geschichte des 12. und 13. Jahrhunderts S. 200 f. (DZG. III, 324 f.).

beschieden, wird er zugleich seine Beschwerde vorgebracht haben. Sein Gegner war auch geladen, aber, wie man ganz deutlich sieht, nicht deshalb, weil der Abt ihn schon beim Kaiser verklagt hatte. So möchten noch andere Schwaben, und zwar Fürsten, einer Berufung nach Magdeburg gefolgt sein.“ Nach diesen scharfsinnigen Bemerkungen Scheffer-Boichorsts ist die Anwesenheit von Schwaben auf dem Magdeburger wie Wormser Tage offenbar mit dem gegen Heinrich eingeleiteten Achtverfahren in Verbindung zu bringen: das Achtverfahren muß sich folglich in Worms und Magdeburg abgespielt haben, und, da von Worms aus die Vorladung nach Magdeburg erging, und im Achtverfahren nur eine Vorladung üblich war, muß in Magdeburg der Achtspruch gefallen sein. Allerdings ist dieser so naheliegende Schluß Scheffer-Boichorst entgangen, der ja bei der Annahme einer dreimaligen Vorladung sich nur schwer erklären konnte, weshalb Schwaben in Worms und Magdeburg, aber nicht in Kaina anwesend waren [1]. Bei der Annahme einer einmaligen Vorladung löst sich dagegen jetzt die Schwierigkeit von selbst, und wir erhalten eine glänzende Bestätigung für die Ansetzung des Achtspruches auf den Magdeburger Tag.

Wie die Anwesenheit schwäbischer Fürsten, so hängt auch die Erhebung der Hochverratsklage aller Wahrscheinlichkeit nach mit dem Achtverfahren zusammen; denn die Herausforderung zum Zweikampf unter Beschuldigung des Hochverrats war ein Vorgang des landrechtlichen Verfahrens: während in der Regel eine solche Hochverratsklage zur Oberacht führte, kann sie in unserem Fall nur ein Bestandteil des Achtverfahrens gewesen sein [2]. Es ist nun höchst

[1] Scheffer-Boichorst (DZG. III, 325 f. und Zur Geschichte des 12. und 13. Jahrhunderts S. 201 f.) verfiel dadurch auf eine wenig glaubhafte Textinterpretation in der Gelnhäuser Urkunde, die ich oben S. 68 f. besprochen habe.

[2] Siehe oben S. 88 f. und 97.

bezeichnend, daß gegen Heinrich die Beschuldigung des Hochverrats gerade zu Magdeburg erhoben wurde. Insbesondere erzählt Arnold von Lübeck, daß die Herausforderung Dietrichs von der Lausitz den Angeklagten abgehalten habe, sich in Magdeburg dem Gericht zu stellen [1]: insofern konnte die Hochverratsklage, die Heinrich am Erscheinen hinderte, wohl mittelbar als Grund des in Magdeburg gefällten Urteilsspruchs gelten. In diesem Zusammenhang verdient daher die spätere Nachricht der sächsischen Weltchronik Beachtung, daß die Klage Dietrichs zur Ächtung geführt habe [2], eine Nachricht, die trotz ihrer irrigen Form doch in ihrer Weise wieder bestätigt, daß die Acht in Magdeburg gefällt worden ist.

Was Arnold von Lübeck weiterhin erzählt, paßt ebenfalls vortrefflich zu dem gewonnenen Ergebnis. Im Anschluß an die Vorgänge des Magdeburger Tages berichtet nämlich Arnold von Verhandlungen zwischen Herzog und Kaiser [3]: *In Haldeslef tamen constitutus per internuncios colloquium domni imperatoris expetiit. Imperator itaque exivit ad eum ad locum placiti. Quem dux verbis compositis lenire studuit. Imperator autem quinque milia marcarum ab eo expetiit, hoc ei dans consilium, ut hunc honorem imperatorie maiestati deferret et sic ipso mediante gratiam principum, quos offenderat, inveniret. Illi autem durum visum est tantam persolvere pecuniam, et non acquiescens verbis imperatoris discessit.* Die Glaubwürdigkeit dieser Erzählung ist von Weiland scharf angegriffen, von neueren Forschern, wie von Schaefer, wenig glücklich verteidigt worden [4]. An eine persönliche Begegnung zwischen Kaiser

[1]) *Dux autem hoc animadvertens venire noluit.* Siehe oben S. 93.

[2]) MG. Deutsche Chroniken II, 230.

[3]) Arnoldi Chronica lib. II cap. 10 MG.SS. XXI, 133 (SS. Rer. Germ. p. 48).

[4]) Weiland in FDG. VII, 181 f. Dagegen Schaefer in HZ. LXXVI, 409 f., dem sich wieder Lucas (S. 36 ff.) angeschlossen hat.

und Herzog, wie sie hier geschildert wird, ist allerdings wohl kaum zu denken: es wird sich höchstens um Verhandlungen des Herzogs mit kaiserlichen Boten gehandelt haben; und alsdann bleibt immer noch die Geldforderung des Kaisers vor der Urteilsverkündigung mehr als unwahrscheinlich[1]). Verlegen wir aber die Geldforderung in die Zeit nach dem Achtspruch, dann erscheint sie allerdings sogleich in einem anderen Licht: aus der Acht konnte sich der Verurteilte nur durch Zahlung einer Geldbuße lösen [2]), und diese Geldbuße ist augenscheinlich in der Erzählung Arnolds mit der Summe von 5000 Mark gemeint. Die Verkündigung der Acht mußte dem trotzigen Herzog die Augen über den Ernst seiner Lage öffnen, mußte ihn zu dem Versuch einer friedlichen Lösung umstimmen, einem Versuch, der bezeichnenderweise an seinem Geiz scheiterte. Die Erzählung Arnolds, die offenbar tendenziös gefärbt ist, erscheint in manchen Einzelheiten doch nicht unglaubhaft: die Verhandlungen zwischen Herzog und Kaiser, die Geldforderung des Kaisers und ihre Ablehnung durch den Herzog können als wahre Begebenheiten gelten, sobald man sie als Folgen des Magdeburger Achtspruchs auffaßt.

Während Arnold den Magdeburger Gerichtstag als bedeutsam hervorhebt, behandelt er den vorausgehenden Wormser Tag als weniger wichtig. Seine zweideutigen Worte [3]) . . . *eis curiam indixit apud Wormatiam, ducem tamen precipue ad audientiam citavit* . . ., Worte, die wohl dahin auszulegen sind, daß der Kaiser Heinrichs Gegner als Kläger, Heinrich selbst als Angeklagten vorlud [4]), lassen

[1]) Was Schaefer (S. 410 Note 1) anführt, berührt nicht den springenden Punkt, daß eine solche Geldforderung vor der Urteilsverkündigung des Kaisers unwürdig gewesen wäre.

[2]) Siehe hierzu Franklin, Das Reichshofgericht II, 345 f.

[3]) a. a. O.

[4]) Fechner (in FDG. V, 483 ff., namentlich 489 Note 2) nimmt zwei nebeneinanderlaufende Klagen an, eine Heinrichs gegen die

jedenfalls soviel erkennen, daß die Vorladung nach Worms keine bindende war. Dies entspricht ja insofern den Tatsachen, als diese Vorladung als erste lehnrechtliche keine peremtorische gewesen ist.

Wie die Erzählung Arnolds, so erhalten jetzt auch andere Darstellungen noch in verschiedener Hinsicht eine Aufklärung. Der Kölner Chronist [1]) erwähnt die Magdeburger Versammlung als einen besonders feierlichen Hoftag. Ähnlich der Magdeburger und der Pegauer Annalist [2]). Aber keiner hatte wohl eine klare Vorstellung von der doppelten Bedeutung, die der Magdeburger Tag in dem land- und in dem lehnrechtlichen Verfahren besaß; namentlich nicht der Pegauer Annalist, der ja bei der späteren Schilderung des Würzburger Tages die beiden Rechtsverfahren geradezu miteinander vermengt [3]). Beachtet man dies, so erklärt sich leicht die Nachricht des Annalisten, daß in Magdeburg der erste Gerichtstag stattfand; denn nach Magdeburg erging die erste und einzige Ladung des landrechtlichen Verfahrens. Daß dem Annalisten der Wormser Tag nicht als Gerichtstag bekannt wurde, das ist ebenfalls erklärlich; denn in dem lehnrechtlichen Verfahren waren die ersten beiden Gerichtstage von geringer Bedeutung und konnten leicht übersehen werden: hier erfuhr daher der Annalist nur von dem peremtorischen dritten Tage in Kaina. Da er nun von den drei Ladungen gehört hatte, aber nur die Gerichtstage von Magdeburg und Kaina kannte, so sah er sich gezwungen, noch einen Tag hinzuzudichten, und verfiel auf den frei erfundenen Nürnberger Tag, der sich chronologisch überhaupt nicht einreihen läßt. So wird durch die Verwirrung der bei-

---

Fürsten und eine andere der Fürsten gegen Heinrich, eine Hypothese die Weiland (in FDG. VII, 180) eingehend zurückgewiesen hat.

[1]) SS. Rer. Germ. p. 130: *Curia apud Magedeburg s a t i s c e l e b r i s. . . .*

[2]) Siehe oben S. 152.

[3]) Siehe S. 85 f.

den Rechtsverfahren der Irrtum des Pegauer Annalisten bis zu einem gewissen Grade verständlich.

Daß der Achtspruch auf dem Magdeburger Tage am 24. Juni 1179 fiel, daran ist wohl jetzt nicht mehr zu zweifeln. Alsdann müßte die Oberacht, von der ich vorher festgestellt habe, daß sie zwischen dem 27. April und 25. Juli 1180 begann, am 24. Juni 1180 eingetreten sein. Auch hierfür läßt sich eine Bestätigung beibringen.

Ende Juni 1180, und zwar gerade am 24. Juni, genau ein Jahr nach dem Magdeburger Tage, fand ein feierlicher Hoftag zu Regensburg statt: so berichtet der zeitgenössische Pegauer Annalist, während der weniger zuverlässige Magnus von Reichersberg den 29. Juni als Gerichtstag angibt [1]). Über die Vorgänge auf diesem Regensburger Tage schreibt der Pegauer Annalist: *Imperator Fridericus in natali sancti Johannis baptiste curiam Ratispone habuit, ubi ducem Heinricum ex s e n t e n t i a p r i n c i p u m ducatu Bauwarie et hereditate et beneficiis privavit*; und Magnus von Reichersberg: *Tunc ex c o m m u n i s e n t e n t i a p r i n c i p u m adiudicatum est, eum debere removeri, quandoquidem ad iustam responsionem vocatus non venerit.* Darf man auch die Darstellung des Reichersberger Chronisten nur mit großer Vorsicht benutzen [2]), so bestätigt sie doch soweit den Bericht des Pegauer Geschichtschreibers, daß zu Regensburg ein Fürstenspruch (*sententia principum*) in Sachen Heinrichs des Löwen gefällt wurde. Schon Giesebrecht hat auf Grund der beiden Quellenstellen die ganz richtige

---

[1]) Annales Pegavienses MG.SS. XVI, 263; Magni Reicherspergensis Chronicon MG.SS. XVII, 506 sq.

[2]) Schon Weiland (in FDG. VII, 185) bemerkt treffend: „Dieser Bericht ist, wie augenfällig, eine Konzentrierung der verschiedenen Stadien des Prozesses auf den Tag zu Regensburg.“ Unmöglich ist es übrigens doch nicht, daß auf dem Regensburger Tag, dem Schlußtag, ein Rückblick auf den Verlauf des Prozesses geworfen wurde.

Ansicht vertreten [1]), daß „es sich in Regensburg nicht allein um eine Verkündigung des bereits früher gefällten Urteils gehandelt haben kann". Aber er hat hieraus nicht die weitere Folgerung gezogen, die mir dann zwingend erscheint: wenn in Regesnburg ein neues Urteil, das Heinrich betraf, gefällt wurde, so kann dieses Urteil nur die Oberacht gewesen sein, da Acht und lehnrechtliches Urteil schon vorausgegangen waren.

Aus den Worten des Pegauer Annalisten *ducatu Bauwarie et hereditate et beneficiis privavit* will GIESEBRECHT [2]) herauslesen, daß in Regensburg die Aberkennung des b a y r i s c h e n Herzogtums und der b a y r i s c h e n Güter stattgefunden habe. Vor GIESEBRECHT hatte bereits WEILAND eine ähnliche Erklärung gegeben, daß hier die b a y r i s c h e n Allode Heinrich entzogen, daß hier die b a y r i s c h e n Großen ihrer Pflichten entbunden worden seien [3]). Aber die Entbindung der bayrischen Großen wie die Einziehung der bayrischen Allode konnte nur durch die Oberacht erfolgen, und die Geltung der Oberacht hat sich niemals auf eine einzelne Landschaft beschränkt, war immer und überall auf das ganze Reich ausgedehnt. Der Pegauer Annalist spricht auch gar nicht von dem Verlust der bayrischen Allode, sondern von dem der Allode im allgemeinen, und nur unter den Lehen hebt er das bayrische Herzogtum hervor. Eine besondere Aburteilung des bayrischen Herzogtums kann jedoch in Regensburg schon deshalb unmöglich stattgefunden haben, weil alle Lehen und somit auch das bayrische Herzogtum bereits in Würzburg Heinrich entzogen waren. So kann in der Darstellung des Pegauer Annalisten die Erwähnung des bayrischen Herzogtums, die sich auf dem in Bayern abgehaltenen Gerichtstag ja von selbst erklärt, keine besondere

---

1) GIESEBRECHT(-SIMSON), Geschichte der deutschen Kaiserzeit VI, 572.

2) Ebendort V, 925.

3) WEILAND in FDG. VII, 186.

Bedeutung gehabt haben: da Herzogtümer und sonstige Lehen schon vorher aberkannt waren, so muß hier vielmehr der Ton auf dem Verlust des Eigenguts liegen *hereditate et beneficiis privavit.* Die Aburteilung der Lehen und des Eigenguts bedeutete aber die Verkündigung der Oberacht!

Gewinnen wir hiernach eine vollgültige Beglaubigung dafür, daß am 24. Juni 1180 zu Regensburg die Oberacht verkündet wurde, so paßt dazu wiederum die andere Nachricht, daß einen Monat später am 25. Juli die Reichsheerfahrt begonnen habe: auf dem Regensburger Hoftage ist anscheinend zugleich mit der Bekanntmachung der Oberacht die Reichsheerfahrt gegen den Verurteilten angesagt worden.

So fügen sich die verschiedenartigsten Quellennachrichten vortrefflich ineinander, und das Ergebnis erscheint nach jeder Richtung gesichert.

Daß keiner der früheren Forscher auf diese so naheliegende Lösung gekommen ist, das hat seinen letzten Grund in der falschen Rechtsanschauung von der Zahl der Ladungen. Solange man im landrechtlichen Verfahren drei Ladungen annahm, konnte man den Achtspruch nicht vor dem Tage von Kaina ansetzen, und da zwischen dem Tage von Kaina (Mitte August 1179) und dem letztmöglichen Tage von Regensburg (24. Juni 1180) nur zehn Monate lagen, so erschien hier der Verlauf der Frist eines Jahres von vornherein ausgeschlossen. Erst in dem Augenblick, wo wir zu der Erkenntnis gelangen, daß die Acht auf eine Ladung hin gefällt zu werden pflegte, erhalten wir in dem Prozeß Heinrichs des Löwen die Möglichkeit, einen regelmäßigen Gang des Rechtsverfahrens mit der Frist von Jahr und Tag zwischen Acht und Oberacht anzunehmen. Und nun entwirren und klären sich mit einem Schlage alle scheinbaren und wirklichen Widersprüche in den verschiedenen Quellenberichten.

Ich glaube und hoffe, daß hiermit das so oft behandelte Problem seine endgültige Lösung gefunden hat.

Schluß.

Für den Prozeß Heinrichs des Löwen besitzen wir ein selten reiches Quellenmaterial: vor allem den Bericht der Gelnhäuser Urkunde, der sich bei näherer Betrachtung als durchaus zuverlässig herausstellt; daneben zahlreiche annalistische Erzählungen, die freilich meist von nicht juristisch gebildeten Autoren herrühren und daher rechtsgeschichtlich nur mit Vorsicht zu verwerten sind, die aber ein klares Bild von den äußeren Vorgängen gewähren. Aus diesem Quellenmaterial läßt sich das Gerichtsverfahren bis in das Detail rekonstruieren, und da der Prozeß sich in den Bahnen des damals gültigen Rechtes bewegte, so bietet er zugleich ein wichtiges Zeugnis für die Rechtssatzungen jener Epoche.

Das neue Bild, das wir so von dem Prozeßverlauf gewonnen haben, soll hier zum Schluß noch einmal in kurzen Zügen skizziert werden.

Der Prozeß Heinrichs fiel in die Blütezeit des Lehnswesens. Schärfer als irgend anderswo lassen sich hier ein lehn- und ein landrechtliches Verfahren voneinander scheiden. Im Vordergrund stand das lehnrechtliche Verfahren: das Hauptziel war die lehnrechtliche Bestrafung des Angeklagten, die Aberkennung der beiden Herzogtümer. Daneben wurde das landrechtliche Verfahren eingeleitet, um durch die Acht ein prozessualisches Zwangsmittel zu schaffen. Allerdings führte das Achtverfahren schließlich über die lehnrechtliche Strafe hinaus zur Einziehung der Allodialgüter; aber diese Einziehung der Allodien, die ursprünglich sicherlich nicht beabsichtigt war, wurde wieder rückgängig gemacht, sobald der Verurteilte sich dem Richterspruch unterwarf.

Der Prozeß begann mit dem lehnrechtlichen Verfahren, auf das so von Anfang an der Schwerpunkt gelegt wurde. Schon auf dem ersten Hoftag, den der Kaiser nach seiner Heimkehr aus Italien in Deutschland abhielt, — am 11. November 1178 zu Speier — erhoben Fürsten und Edle Klage über die Gewalttaten des Herzogs: der Kaiser lud beide Parteien, die Kläger und den Beklagten, nach Lehnrecht vor ein Fürstengericht zum ersten Termin nach Worms auf den 13. Januar 1179.

Zu Worms, wo sich auch schwäbische Fürsten einfanden, wurde gegen den Herzog, der nicht erschienen war, das landrechtliche Achtverfahren anhängig gemacht: die nächste Vorladung auf den 24. Juni nach Magdeburg erging nicht nur nach Lehn-, sondern auch nach Landrecht; sie war als zweite lehnrechtliche noch nicht bindend, als landrechtliche sogleich peremtorisch. Daher wurde der Herzog, als er sich in Magdeburg nicht stellte, dort von den Fürsten, unter denen sich wiederum Schwaben befanden, in die Acht getan [1]).

Es war dieselbe Klage, auf die hin das land- wie das lehnrechtliche Verfahren eingeleitet wurde. Aber zu der Klage der Fürsten über die Gewalttaten kam im landrechtlichen Verfahren noch die Beschuldigung des Hochverrats, die ein einzelner Fürst, Markgraf Dietrich von der Lausitz, erhob. Diese Beschuldigung, die der Kläger durch Zweikampf beweisen wollte, war vielleicht der Grund, daß der Herzog nicht vor Gericht erschien. Auf sein Nichterscheinen gründete man nun das Achturteil, indem jedoch hierbei nicht so auf die Hochverratsklage hingewiesen wurde als auf die Klage über die Gewalttaten.

[1]) Zu beachten ist das Tagesdatum: 24. Juni. An demselben Tage wurde in späteren Prozessen auch die Acht gegen Ottokar von Böhmen und vielleicht auch die gegen Friedrich den Streitbaren von Österreich verkündet (siehe oben S. 119).

Nachdem der Achtspruch gefallen war, hat der Herzog, der in der Nähe Magdeburgs bei Haldensleben weilte, Verhandlungen mit dem Kaiser angeknüpft. Die Verhandlungen scheiterten, weil der Kaiser eine Bannbuße von 5000 Mark forderte, eine Summe, die dem Herzog zu hoch erschien.

Nach dem Scheitern der Verhandlungen spitzte sich der Konflikt rasch schärfer zu. Der Herzog, der seit dem Beginn des Prozesses die Waffen hatte ruhen lassen, ging nun wieder zu offenen Gewalttaten über und zwang die Fürsten zu Gegenmaßregeln. Der Kaiser beteiligte sich zwar nicht an den Kämpfen; aber er trat jetzt in dem Prozeß aus der bisher beobachteten Zurückhaltung heraus. Von Magdeburg war die dritte Ladung auf Mitte August nach Kaina erfolgt, indem so zwischen dem zweiten und dritten Termin nur wenig mehr als die Mindestfrist von sechs Wochen gelassen wurde. Und als der Herzog abermals ausblieb, da erhob der Kaiser nun seinerseits Klage: er klagte im allgemeinen über die ihm mehrfach erwiesene Mißachtung; er klagte insbesondere über den Ungehorsam des Angeklagten, der durch das Versäumen der drei Ladungen offenkundig war.

Obschon das lehnrechtliche Urteil sonst meist auf dem dritten Termin gefällt zu werden pflegte, wurde hier der Herzog auf Grund der neuen Klage des Kaisers noch einmal vorgeladen. Die außergewöhnliche Anberaumung eines vierten Termins zeigt, wie man die Rechte des Angeklagten eher erweiterte als schmälerte, wie man ängstlich bemüht war, jede Rechtsverletzung zu vermeiden.

Der vierte Gerichtstermin fand in Würzburg statt am 13. Januar 1180, genau ein Jahr nach dem ersten Wormser Termin. Hier zu Würzburg wurde der wiederum abwesende Herzog von den zahlreich versammelten Fürsten nach Lehnrecht abgeurteilt: er wurde des Vergehens gegen die Fürsten und des Vergehens gegen den Kaiser für schuldig befunden und seiner Lehen, insbesondere seiner beiden Herzogtümer verlustig erklärt.

Die Weiterverleihung der Lehen steht mit dem Prozeß Heinrichs nur in losem Zusammenhang. Es sei daher hier nur kurz erwähnt, daß die kleineren Lehen an ihre früheren Besitzer, wie an den Halberstädter Bischof, zurückfielen, daß das Herzogtum Sachsen zu einem Teil an Bernhard von Anhalt, zu einem Nebenteil an den Kölner Erzbischof, daß das Herzogtum Bayern an Otto von Wittelsbach verliehen wurde. Die Aufteilung Sachsens vollzog sich auf dem Gelnhäuser Tage am 13. April 1180, ein Vierteljahr nach dem Würzburger Urteil [1]); die Vergabung Bayerns fand erst später am 16. September auf einem Tage zu Altenburg statt.

Mit der Verkündigung des lehnrechtlichen Urteils zu Würzburg hatte der Prozeß im wesentlichen sein Ende erreicht. Denn jetzt kam es nur noch darauf an, den Verurteilten zur Anerkennung des Urteils zu zwingen. Hierzu mußte freilich auch das landrechtliche Verfahren zum Abschluß gelangen, indem die Acht nach Jahr und Tag sich in die Oberacht verwandelte. Die Oberacht, d. i. die vollständige Rechtlosigkeit, die den Verlust der Lehen **und** Allodien einschloß, wurde wiederum durch einen feierlichen Fürstenspruch verkündet: auf dem Regensburger Tage am 24. Juni 1180. Aber dieser Fürstenspruch, der den Eintritt der Oberacht feststellte, beruhte auf keinem neuen Rechtsverfahren, sondern auf dem vor einem Jahr zu Magdeburg gefällten Achturteil.

Auf dem Regensburger Tage ordnete der Kaiser zugleich mit der Verkündigung der Oberacht die Reichsheer-

[1]) Wahrscheinlich fand auch die Belehnung Bernhards mit Sachsen erst in Gelnhausen statt und nicht in Würzburg, wo nur das Urteil gegen Heinrich den Löwen verkündet wurde. In den späteren Rechtsbüchern findet sich eine Bestimmung, daß nach Aburteilung der Lehen noch eine Spanne Zeit verlaufen müsse, ehe die Weiterverleihung stattfinden könne (siehe Homeyer, Sachsenspiegel IIb, 591 f. System des Lehnrechts § 76, 5.).

fahrt an auf den 25. Juli 1180. An dem festgesetzten Tage begann der Reichskrieg: erst jetzt zog der Kaiser persönlich gegen den Verurteilten ins Feld. Die weiteren Ereignisse sind bekannt. Heinrich unterwarf sich auf dem Erfurter Tage im November 1181, drei Jahre nach dem Speierer Tage, auf dem der Prozeß begonnen hatte [1]). Hier zu Erfurt wurden die Würzburger Beschlüsse, die Aburteilung der Lehen, nochmals für alle Zeiten anerkannt; dagegen erhielt Heinrich die Allodien, die er mit dem Regensburger Tage verloren hatte, durch die Gnade des Kaisers zurück [2]); und an Stelle der Acht, die aufgehoben wurde, trat die Strafe der Verbannung [3]): am 25. Juli 1182, zwei Jahre nach Erklärung des Reichskrieges, mußte der tiefgedemütigte Fürst sein Vaterland verlassen.

Die Gestalt Heinrichs des Löwen, des weitschauenden Kolonisators und Städtegründers, verliert im Lichte des Prozesses viel von ihrem blendenden Glanz. Den Konflikt mit dem Kaiser hat der trotzige Herzog anscheinend aus kleinlichen Motiven heraufbeschworen und durch kurzsichtige Handlungen verschärft. Die drohende Gefahr, die er noch nach der Ächtung durch Zahlung einer Bannbuße hätte abwenden können, hat er verkannt oder gering geachtet. Aus

---

[1]) Der Erfurter Tag war wie der Speierer auf den Martinstag, d. i. den 11. November, angesagt, scheint aber etwas später stattgefunden zu haben, da eine Urkunde des Kaisers vom 13. November noch in Altenburg ausgestellt ist (Stumpf 4326. Vgl. Giesebrecht-Simson, Geschichte der deutschen Kaiserzeit V, 943. VI, 578).

[2]) So sicherlich die sächsischen und allem Anschein nach auch die bayrischen Allodien; vgl. hierzu namentlich Heigel und Riezler, Das Herzogtum Bayern zur Zeit Heinrichs des Löwen und Ottos I. von Wittelsbach S. 69 Note 4 und S. 248 Note 4 und F. L. Baumann in Archivalische Zeitschrift NF. X (1902) S. 60 ff. und XIV (1907) S. 258 ff.

[3]) Die Quellenstellen, die von dem Erfurter Tage berichten, siehe bei Giesebrecht(-Simson), a. a. O. VI, 579.

der Rechtsfrage hat er eigenwillig eine Machtfrage geschaffen, und dies in augenscheinlicher Überschätzung der ihm zur Verfügung stehenden Kräfte. Möglich, daß er auf die Hilfe auswärtiger Fürsten gezählt und sich hierin verrechnet hat. Wie auch immer, nach dem Erfolge gemessen, dem einzigen sicheren Maßstab, den wir in der Geschichte besitzen, war er kein großer Staatsmann, kein geschickter Politiker.

Demgegenüber erweckt das besonnene und zielbewußte Auftreten Friedrich Barbarossas die höchste Bewunderung. Trotz der Herausforderungen Heinrichs hat er nicht eingegriffen, ehe er die Macht zu strafen besaß. Als er die Macht in Händen hielt, hat er doch anfangs nichts weiter getan, als der Klage der Fürsten Folge zu geben und dem Prozeß freien Lauf zu lassen: in dem Achtverfahren trat er handelnd überhaupt nicht hervor; in dem lehnrechtlichen Verfahren erst am Schluß, als sein Gegner in andauerndem Trotz jedes Einlenken verweigerte und der Konflikt unvermeidlich wurde. Auch dann hat er noch nicht sogleich Gewalt gebraucht, sondern bedachtsam zunächst den Prozeß zu Ende geführt. Und erst nachdem der Prozeß alle Phasen durchlaufen hatte, ist er zum Kampf aufgebrochen, indem er auch hier im Kriege wiederum mit einer imponierenden Ruhe auftrat, mit einer majestätischen Überlegenheit, die sich im voraus des Erfolges sicher wußte.

Wägt man die Werte beider Parteien, so befanden sich auf seiten des Kaisers nicht nur das formale Recht und die äußere Macht, sondern auch die stärkere sittliche Kraft: die Unterwerfung des unbotmäßigen Herzogs war eine unabweisbare Notwendigkeit für die gesunde Fortentwickelung des Reiches.

Regesten des Prozesses.

1178	(Nov.	11)	Speier:	Einleitung des lehnrechtlichen Verfahrens.
1179	Jan.	13	Worms:	erster lehnrechtlicher Termin; Einleitung des landrechtlichen Verfahrens.
„	Juni	24	Magdeburg:	zweiter lehnrechtlicher Termin; Achtspruch im landrechtlichen Verfahren.
„	Aug.	(Mitte)	Kaina:	dritter lehnrechtlicher Termin.
1180	Jan.	(13)	Würzburg:	letzter lehnrechtlicher Termin; Verkündigung des lehnrechtlichen Urteils.
„	Juni	24	Regensburg:	Verkündigung der Rechtlosigkeit (Oberacht).
„	Juli	25:		Beginn der Reichsheerfahrt.
1181	Nov.	(Mitte)	Erfurt:	Unterwerfung Heinrichs; Anerkennung des Würzburger Urteils.

Exkurse.

Exkurs I.

Fürstenstand und Fürstengericht.

Die Frage, ob die Fürsten das Vorrecht besaßen, nur durch fürstliche Standesgenossen gerichtet zu werden, hat zur Voraussetzung die andere Frage, ob überhaupt die Fürsten einen abgegrenzten Stand gebildet haben.

Waitz weist darauf hin, daß die Fürsten dem Stande der Freien angehörten [1]. Aber dies schließt nicht die Möglichkeit aus, daß sie innerhalb des Standes der Freien eine engere Klasse für sich bildeten und besondere Vorrechte besaßen. Allerdings vertritt Waitz weiter die Auffassung, daß eine Absonderung der Fürsten von den Freien und Adligen sich erst gegen Ende des 11. Jahrhunderts vollzogen habe [2]; und ebenso meint Franklin, daß zunächst die Edlen und Freien als Genossen der Fürsten galten, daß der Ausdruck *principes* „wenigstens bis zum Ausgang des 11. Jahrhunderts" keine technische Bezeichnung für einen bestimmten Geburtsstand gewesen sei [3]. Aber Ficker, auf den sich Franklin und Waitz berufen, ist in seinem grundlegenden Buch Vom Reichsfürstenstand anderer Ansicht. Allerdings faßt er vor allem das 12. Jahrhundert ins Auge, indem er für jene Zeit dartut, daß „die Fürsten einen scharf abgegrenzten Stand bildeten", daß „die Reichskanzlei den

[1] Waitz, Deutsche Verfassungsgeschichte, Bd. V (2. Aufl., bearbeitet von Zeumer) S. 434 und 469 ff.

[2] Ebendort, insbesondere S. 479.

[3] Franklin, Das Reichshofgericht im Mittelalter II, 136 ff.

Fürsten von dem einfachen Edlen unterschied", daß in gesetzlichen Strafbestimmungen „das Wort *principes* nicht lediglich die Großen in beliebiger Ausdehnung nach dem ursprünglichen Wortsinn bezeichnete, sondern in bestimmt begrenzter staatsrechtlicher Bedeutung gebraucht wurde" [1]). Die erste gesetzliche Bestimmung, auf die sich FICKER bezieht, ist aber schon vom Jahre 1083, gehört also der Zeit Heinrichs IV. an: schon damals wurden die *principes* von den *nobiles* rechtlich geschieden [2]). Und auch für die frühere Zeit bringt FICKER wenigstens dafür Beispiele, daß zu den *principes* dieselben Klassen gezählt wurden, die später nachweislich den geschlossenen Fürstenstand bildeten: so werden z. B. 1054 die Erzbischöfe, Bischöfe, Markgrafen und Grafen als *principes* im Gegensatz zu den *iudices* genannt, 1005 werden die Herzöge, Bischöfe und Grafen, 949 die Bischöfe, Äbte und Grafen, 940 die Bischöfe und Grafen als *principes* bezeichnet [3]). FICKER gelangt so in seinen Untersuchungen zu einer Auffassung, die den Ansichten von FRANKLIN und WAITZ aufs schroffste entgegensteht, daß nämlich der Fürstenstand, der im 12. Jahrhundert sicher nachweisbar ist, „auch in früheren Jahrhunderten wesentlich auf denselben Grundlagen beruhte", daß dieses Amtsfürstentum „bis in die frühesten Zeiten des Reiches" zurückreiche [4]).

Ist FICKERS Ansicht richtig, daß es etwa seit dem 10. Jahrhundert einen Fürstenstand gab, der alle Großen bis herab zu den Äbten und Grafen umfaßte [5]), dann kann es

---

[1]) FICKER, Vom Reichsfürstenstande S. 67 und 65 (§ 39 und 38).

[2]) Ebendort § 38 Note 1.

[3]) Ebendort § 36 Note 1. § 23 Note 14. 9. 8.

[4]) Ebendort § 62.

[5]) Ob aber FICKER § 58 recht hat, wenn er in einzelnen Landschaften wie in Bayern und Schwaben auch die Edlen zu den Fürsten rechnet, das erscheint mir zweifelhaft; denn dagegen spricht das § 3' Note 18 angeführte Beispiel; auch dürfen meines Erachtens aus den Zeugenreihen, die mit dem Ausdruck *principes* beginnen, keine so

kaum noch einem Zweifel unterliegen, daß die Fürsten schon in jener Zeit besondere Fürstengerichte besaßen. Denn daß im Gericht die jeweiligen Urteiler Standesgenossen des Angeklagten sein mußten, das war ein feststehender Rechtsbrauch, für den namentlich Waitz Zeugnisse beigebracht hat [1]). Wenn z. B. Otto von Freising bei Schilderung der ungarischen Sitten schreibt [2]): *Nulla sententia a principe, sicut aput nos moris est, per pares suos exposcitur* . . ., so kommt hierbei klar zum Ausdruck, daß in Deutschland ein jeder durch seine Standesgenossen abgeurteilt wurde. Und wenn es in einem urkundlichen Bericht über den Prozeß des Markgrafen Ekbert heißt [3]) *Henricus autem marchio suique equales marchia aliisque bonis suis privari debere Ekbertum eundem iudicaverunt*, so muß der Rechtsbrauch von Standesgerichten wie unter Friedrich I. schon unter Heinrich IV. existiert haben. Zu demselben Ergebnis führt auch eine noch ältere Stelle der Altaicher Annalen über den Prozeß Gottfrieds von Lothringen [4]): *Cumque in conventu principum res eadem cepisset agitari et ipse manifestam rei veritatem non posset inficiari, exquisita sententia a contubernalibus eius est iudicatum, quicquid de parte caesaris haberet beneficiorum, iure esse cariturum.* Hier ist geradezu von einem Fürstengericht die Rede [5]).

---

bestimmten Schlüsse gezogen werden, wie dies von seiten Fickers und Franklins geschieht.

[1]) Waitz, Verfassungsgeschichte VIII, 19 Note 6. Vgl. auch Franklin, Das Reichshofgericht II, 130 ff.

[2]) Gesta Friderici lib. I cap. 32 (SS. Rer. Germ. p. 41). Der Ausdruck *princeps* ist hier im Sinne von Herrscher gebraucht.

[3]) Stumpf 2893. Codex diplomaticus Saxoniae regiae I ed. O. Posse p. 350.

[4]) Annales Altahenses maiores SS. Rer. Germ. p. 38 ad a. 1044.

[5]) Noch deutlicher tritt dies in der entsprechenden Stelle der Annalen Aventins hervor; siehe Johannes Turmairs genannt Aventinus sämtliche Werke, Bd. III, Annales ducum Boiariae ed. S,

Wurde so ein Angeklagter durch seinesgleichen (*pares, equales, contubernales*) abgeurteilt und bildeten die Fürsten einen eigenen Stand, dann muß auch die Existenz besonderer Fürstengerichte angenommen werden, wie schon aus den zuletzt angeführten Berichten über die Prozesse Ekberts und Gottfrieds mehr oder weniger deutlich hervorgeht.

In der Tat wird die Teilnahme der *principes* bei Prozessen, die gegen Fürsten geführt wurden, häufig in den Quellen erwähnt: so vereinzelt schon im 10. Jahrhundert und regelmäßig dann im 11. und 12. Jahrhundert. Eine Fülle von Beispielen hat Franklin zusammengestellt [1]).

Trotz alledem hat Franklin die Existenz besonderer Fürstengerichte für das 12. Jahrhundert nur als „möglich" anerkannt, für die vorausgehenden Jahrhunderte sogar geleugnet [2]); und auf Franklins Ansicht beruhen die neueren rechtsgeschichtlichen Darstellungen wie auch die letzte Schroeders [3]). Aber Fraknlins Art der Beweisführung ist hier hyperkritisch und nichts weniger als zwingend. Wenn etwa Franklin darauf hinweist, daß noch in späteren Zeiten einzelne Gerichtsurkunden, welche Urteilssprüche gegen Fürsten enthalten, auch von nichtfürstlichen Personen unterschrieben wurden, so ist dieser Einwand von keinem Gewicht; denn wer unterschrieb, brauchte nur zugestimmt, brauchte das Urteil nicht gesprochen zu haben. Wenn ferner Franklin sich darauf

---

Riezler II, 56 (lib. V cap. 7): *Posteaquam id caesari nunciatum est, conventum principum cogit, magna frequentia eius ordinis Godofridum accersit* . . . In diesem Zusammenhang möchte ich auf die Vermutung von Steindorff (Heinrich III., Bd. II, 441 ff.) hinweisen, daß Aventin außer seiner uns überlieferten Abschrift der Altaicher Annalen noch einen vollständigeren Text der Annalen gekannt habe.

[1]) Franklin, Das Reichshofgericht II, 135 ff.

[2]) Ebendort S. 136 f., 139 ff.

[3]) R. Schroeder, Lehrbuch der deutschen Rechtsgeschichte (5. Aufl. 1907) S. 561 Note 30.

stützt, daß das Wort *principes* eine doppelte Bedeutung besaß, daß es in weiterem Sinne alle angesehenen Männer umfassen konnte, so ist hiermit noch keineswegs bewiesen, daß bei Rechtsverfahren das Wort in diesem weiteren Sinne aufzufassen sei [1]). Im Gegenteil glaube ich, daß bei Rechtsverfahren das Wort in der engeren Bedeutung zu verstehen sei, und zwar nicht nur in den späteren, sondern auch in den früheren Zeiten, so zum mindesten schon in der ersten Hälfte des 11. Jahrhunderts, wo bereits der Anteil der *principes* an den gegen Fürsten gefällten Urteilssprüchen regelmäßig betont und mehrfach schon der Ausdruck *principes regni* gebraucht wird [2]). Das reiche Quellenmaterial des 11. und 12. Jahrhunderts, das hier FRANKLIN anführt, ohne es für wesentlich zu halten [3]), das erscheint mir in seiner Gesamtheit gerade von ausschlaggebender Bedeutung: wenn in Urkunden wie in anderen Quellen bei Fürstenprozessen immer wieder die Beteiligung der *principes* erwähnt wird, so kann da meines Erachtens das Wort *principes* nur in bestimmt begrenztem staatsrechtlichen Sinne gemeint sein, und hiermit wäre die Existenz besonderer Fürstengerichte direkt erwiesen.

Ein gutes Beispiel liefert die Gelnhäuser Urkunde, in der verschiedentlich von den Fürsten die Rede ist. In den zu Anfang stehenden Worten *ex instanti p r i n c i p u m querimonia et plurimorum n o b i l i u m* werden die Fürsten

---

[1]) Das Wort kommt in dem weiteren Sinn noch im 12. Jahrhundert vor, in welchem trotzdem die Existenz eines abgeschlossenen Fürstenstandes zweifellos ist.

[2]) So z. B. bei Thietmar von Merseburg III, 9 (SS. Rer. Germ. p. 53) und Wipo cap. 25 (SS. Rer. Germ. p. 33). Vgl. dazu WAITZ, Verfassungsgeschichte, Bd. V (2. Aufl.) S. 474 f.

[3]) FRANKLIN a. a. O. II, 135 f. 139 f. 143 ff. Was er S. 137 f. anführt, beweist weniger, zeugt aber meines Erachtens auch eher f ü r als w i d e r die Existenz von Fürstengerichten. Siehe auch WAITZ, Verfassungsgeschichte VIII, 17 Note 7.

dem einfachen Adel gegenübergestellt [1]). Und in dem später folgenden Satz, der von der Belehnung des Kölner Erzbischofs handelt, *requisita a p r i n c i p i b u s sententia, an id fieri liceret, adiudicata et communi p r i n c i p u m et totius c u r i e assensu approbata* wird die engere Fürstenversammlung von dem weiteren Hofgericht unterschieden. Wie ferner der Kaiser bei Teilung des Herzogtums Sachsen die Mitwirkung der Fürsten hervorhebt, *habita cum p r i n c i p i b u s deliberatione communi ipsorum consilio*, so betont er auch, daß es die Fürsten waren, die die Urteilssprüche gegen Heinrich den Löwen gefällt haben: Heinrich sei dem Achtspruch der Fürsten verfallen *p r i n c i p u m et sue conditionis Suevorum proscriptionis nostre inciderit sententiam* und sei lehnrechtlich zu Würzburg durch Fürstenspruch abgeurteilt *per unanimem p r i n c i p u m sententiam*.

Fraglich kann hierbei nur noch erscheinen, ob die Urteiler wie nach Lehnrecht auch nach Landrecht ausschließlich Fürsten waren, ob unter den Worten *sue conditionis Suevorum* Schwaben fürstlichen Standes, oder, wie WAITZ meint, Schwaben freien Standes zu verstehen sind. WAITZ [2])

---

[1]) Ob die Grafen damals zu den *principes* oder zu den *nobiles* gezählt wurden, ist für die hier behandelte Rechtsfrage von keiner Bedeutung. Immerhin sei bemerkt, daß die Ausscheidung der Grafen aus dem Fürstenstande damals anscheinend noch nicht durchgeführt war (vgl. dazu FICKER, Reichsfürstenstand § 63 ff.). Inwieweit der Prozeß Heinrichs des Löwen wohl auf die Verengerung des Reichsfürstenstandes eingewirkt hat, lasse ich hier dahingestellt.

[2]) FDG. X, 154; WAITZ glaubt hier, daß *sue conditionis Suevorum* nicht mit Schwaben fürstlichen Standes übersetzt werden könne, weil alsdann *sue conditionis* „überflüssig" sei; aber dies ist kein stichhaltiger Einwand, da das Wort *sue conditionis* sehr wohl ein synonymer Ausdruck des vorausgehenden Wortes *principum* sein kann. Eine andere Übersetzung der Worte siehe oben S. 71 f.

führt für seine Meinung den Schwabenspiegel ins Feld: nach dem Schwabenspiegel bildeten nämlich die Fürsten zusammen mit den Freien ein und denselben Geburtsstand [1]. Aber obgleich so der Schwabenspiegel die Fürsten zum Stande der Freien rechnet, betont er doch, daß bei Achtprozessen ein Fürst nur durch fürstliche Standesgenossen gerichtet werden könne: *der kunc sol mit deren fursten urteil den fursten ze aehte tuon; der sol ze minsten siben sin; und also sol man den vrien herren und ieden man mit sinen genozen ze aehte tuon* [2]. Der Schwabenspiegel bezeugt so genau das Gegenteil von dem, was WAITZ beweisen will: die Fürsten besaßen innerhalb des Standes der Freien als eine in sich geschlossene Klasse besondere Vorrechte, und zwar gerade in Achtprozessen den Anspruch auf eigene Fürstengerichte. Daß diese Gesetzesbestimmung, die uns im Schwabenspiegel erhalten ist, auch schon in früheren Jahrhunderten in Geltung war, das zeigen zahlreiche Nachrichten von einzelnen Prozessen: so erfolgte z. B. schon im 11. Jahrhundert die Ächtung Ottos von Nordheim durch die *principes Saxonie*, die Verurteilung Ekberts von Meißen durch die *principes Saxonie et Thuringie et aliorum regnorum* usw. [3]. Daß in solchen und ähnlichen Fällen mit *principes* nur „Fürsten" gemeint sein können, darauf habe ich schon hingewiesen [4].

Ein genaueres Eingehen auf diese Dinge muß ich mir hier versagen, da es mich zu weit von meinem Thema ab-

---

[1] Vgl. FRANKLIN, Reichshofgericht II, 146 ff.

[2] Schwabenspiegel, Landrecht 138 ed. LASSBERG S. 66. (Orthographie nach K. ZEUMER Quellensammlung zur Gesch. der Deutschen Reichsverfassung S. 100).

[3] Diese und andere Beispiele siehe bei FRANKLIN, Reichshofgericht II, 135 ff.

[4] Zweifellos ist dies der Fall gerade bei den beiden angeführten Beispielen, die in die Zeit Heinrichs IV. gehören, in der die Fürsten schon nachweislich einen geschlossenen Stand gebildet haben (siehe FICKER, Vom Reichsfürstenstand § 38).

führen würde. Nach den erwähnten Zeugnissen scheint mir der Schluß schon genügend begründet, daß die bis heute herrschende Ansicht von Franklin und Waitz nicht zutreffend ist. Bereits vor dem 12. Jahrhundert bildeten die Fürsten einen besonderen Gerichtsstand, pflegte das Urteil in den Fürstenprozessen ausschließlich durch Fürsten gefällt zu werden.

Exkurs II.

Zum Gerichtsverfahren in der Salierzeit.

Daß in mittelalterlichen Fürstenprozessen das land- und das lehnrechtliche Verfahren getrennt nebeneinander liefen, das ist oben für die Epoche der Stauferzeit dargetan [1]. Ob aber eine derartig scharfe Abgrenzung der verschiedenen Rechtssphären schon vor der Stauferzeit bestanden hat, das bleibt noch zu untersuchen, wie überhaupt die Frage, wann sich ein besonderes lehnrechtliches Verfahren herausgebildet hat, noch der Beantwortung harrt. Dieses rechtsgeschichtlich so wichtige Problem [2] will ich hier wenigstens im Vorübergehen berühren.

Franklin[3] nimmt eine Trennung des lehn- und des landrechtlichen Verfahrens schon in der Salierzeit an: er verweist auf die Prozesse Adalberos von Kärnten (1035), Konrads von Bayern (1053), Bertholds von Kärnten (1072). Aber die Quellenberichte über jene Prozesse sind so unzulänglich, daß sich daraus keine sicheren Schlüsse ziehen lassen. Wenn z. B. in einem Bericht über das Verfahren gegen Adalbero nur die Aburteilung des Herzogtums und

---

[1]) Siehe S. 116 ff.

[2]) Auf die „schwierige Aufgabe einer Erforschung des allmählichen Wachstums von Lehensrecht und Lehenssache" hat erst jüngst U. Stutz (in Zeitschrift der Savigny-Stiftung für Rechtsgeschichte, Germanistische Abteilung XXVIII, 565) hingewiesen.

[3]) Das Reichshofgericht im Mittelalter II, 239 Note.

der Markgrafschaft erwähnt wird [1]), so könnten doch trotzdem außer den Lehen auch noch weniger wichtige Allodialbesitzungen dem Angeklagten genommen worden sein, ohne daß dies in unserer Überlieferung ausdrücklich hervorgehoben wird. Ähnlich liegt der Fall Bertholds von Kärnten [2]). In dem Prozeß Konrads von Bayern ist allerdings zunächst von der Aberkennung des bayrischen Herzogtums und erst später von der des kärntner Besitzes die Rede [3]). Aber selbst wenn man hier nach einer uns vorliegenden, nicht ganz klaren Quellenstelle [4]) ein gesondertes zweites Urteil annehmen wollte, so bliebe doch immer noch zweifelhaft, ob wirklich das erste Urteil ein lehnrechtliches, das zweite ein landrechtliches gewesen ist, ob nicht vielmehr auf demselben Rechtsboden zwei Urteile, zuerst ein milderes, dann ein weitergreifendes, erwachsen sind [5]).

Steht demnach die These Franklins an sich schon auf schwachen Füßen, so kommt sie bei Betrachtung anderer Prozesse vollends ins Wanken.

Über den Prozeß, den Heinrich IV. im Jahre 1077 gegen den Gegenkönig Rudolf und dessen Anhänger führen

---

[1]) Siehe Franklin a. a. O. I, 27 ff. Daß Adalbero von Kärnten verbannt wurde, das deutet doch auf kein lehn-, sondern auf ein landrechtliches Urteil.

[2]) Siehe ebendort I, 31.

[3]) Ebendort I, 30. Vgl. dazu Giesebrecht, Geschichte der deutschen Kaiserzeit II, 484 f.; Steindorff, Jahrbücher des Deutschen Reiches unter Heinrich III., Bd. II, 222 und 228.

[4]) Herimanni Augiensis Chronicon MG.SS. V, 133: *Ad quem conventum cum Counradus, dudum Baioariae dux, venire nolens, cum expeditis militibus regi rebellare moliens, Ungariis se adiungere temptasset et Carentani fines invasisset, quibusdam inibi quae prius habuerat possessionibus suis ab imperatore privatus est, eas quasi legaliter acquirente.* Vielleicht war auch die Aburteilung dieser kärntner Besitzungen schon vorher (*prius*) erfolgt und wurde das Urteil später nur nochmals wiederholt.

[5]) Franklin, Giesebrecht und Steindorff nehmen an, daß Konrad geächtet wurde. Aber von dem Achtspruch finde ich in den Quellen keine Erwähnung.

ließ[1]), berichtet uns eine Quelle[2]): *Rex autem Heinricus habito Ulmae cum quibus poterat colloquio regem Roudolfum cum ducibus suis Berhtoldo et Welfo et caeteris Alemannorum ipsi consentaneorum maioribus secundum legem Alemannicam quasi dignos iugulari fecit sententialiter adiudicatos damnari et pariter dignitatibus et beneficiis suis privari.* Zweifellos handelt es sich hier um ein rein landrechtliches Verfahren, da das Urteil in Ulm nach schwäbischem Recht gesprochen wurde; und in diesem landrechtlichen Urteil wird allein die Aberkennung der Lehen hervorgehoben. Man wende nicht ein, daß die Oberacht, die hier gemeint sei, auch die Aberkennung der Lehen mitumfasse. Denn die Oberacht bedeutete zwar die vollständige Rechtlosigkeit und zog als solche auch den Verlust der Lehen nach sich; aber eine ausdrückliche Aberkennung der Lehen würde in späterer Zeit doch nur auf lehnrechtlichem, nicht auf landrechtlichem Wege erfolgt sein.

Noch schlagender ist ein anderes Beispiel: der Prozeß, den Heinrich im Jahre 1088 gegen Ekbert von Meißen führte[3]), zumal uns über das damals eingeleitete Strafverfahren ein unanfechtbarer urkundlicher Bericht des Kaisers selbst vorliegt. Der Bericht, der für die Ermittelung des Rechtsverfahrens in der Salierzeit von außerordentlichem Wert ist, lautet[4]): *. . . collecti principes Ekbertum . . . prescripto iudicio dampnaverunt. Nam Sigefridus, Ottonis quondam ducis filius, Ekbertum ut publicum regni hostem et domini sui imperatoris inimicum persequendum iudicavit. Henricus autem marchio suique equales marchia aliisque bonis*

---

[1]) FRANKLIN a. a. O. I, 31; GIESEBRECHT, Geschichte der deutschen Kaiserzeit III, 443; MEYER VON KNONAU, Jahrbücher des Deutschen Reiches unter Heinrich IV., Bd. III, 36 f.

[2]) Bertholdi annales MG.SS. V, 295.

[3]) Vgl. hierzu GIESEBRECHT, Geschichte der deutschen Kaiserzeit III, 629 und MEYER VON KNONAU, Jahrbücher des Deutschen Reiches unter Heinrich IV., Bd. IV, 219.

[4]) STUMPF 2893. Codex dipl. Saxoniae I ed. O. POSSE, p. 350.

suis privari debere Ekbertum eundem iudicaverunt sibique ablata nostre potestati assignaverunt. Mit den *aliisque bonis*, die hier neben der *marchia* erwähnt werden, sind sicherlich nicht nur Lehen, sondern auch Allodialbesitzungen gemeint, da in dem analogen Urteilsspruch des zwei Jahre zuvor gegen Ekbert geführten Prozesses die *predia* . . . *et que a nobis habuerat* (*tenuerat*) *beneficia* genannt werden [1]. Folglich kann es sich hier nur um ein landrechtliches, nicht um ein lehnrechtliches Verfahren handeln. Und in diesem landrechtlichen Verfahren sprach ein Markgraf dem Angeklagten seine Markgrafschaft ab! Wäre das lehnrechtliche Verfahren schon damals so wie später ausgebildet gewesen, dann hätte eine solche Aberkennung der Markgrafschaft nur lehnrechtlich stattfinden dürfen.

In der Salierzeit unterschied man hiernach bei Fürstenprozessen noch nicht zwischen lehnrechtlichem und landrechtlichem Urteil, sondern zwischen der Strafe am Grundbesitz und der Strafe, welche die Persönlichkeit traf. So wurde Ekbert in zwei getrennten Urteilssprüchen verurteilt: zuerst wurde er durch einen Stammesgenossen, einen Sohn Ottos von Nordheim, in die Acht getan; sodann wurden ihm durch andere Fürsten, unter denen ein Markgraf hervorgehoben wird, seine Besitzungen, insbesondere seine Markgrafschaft, aberkannt. Und wie dem Markgrafen Ekbert seine Markgrafschaft durch einen Markgrafen abgesprochen wurde, so wird auch schon bei der Verurteilung des Markgrafen Adalbero betont, daß unter den Fürsten, die das Urteil fällten, sich Markgrafen befanden [2].

Die Frage liegt nahe, ob nicht in solchen besitzrechtlichen Urteilssprüchen der engeren Standesgenossen die Wurzel lag für die Entstehung der bald darauf auftauchenden lehnrechtlichen Gerichtshöfe.

---

[1]) STUMPF 2879. 2880. Codex dipl. Saxoniae I, 344. 345.

[2]) Siehe FRANKLIN a. a. O. I, 28 Note 1.

Exkurs III.

Die Bedeutung von „Jahr und Tag".

In den beiden Landfriedensgesetzen Friedrichs I. vom 18. Februar 1179 und vom 29. Dezember 1186 [1]) steht die Bestimmung, daß die Rechtlosigkeit des Geächteten eintrete, wenn er sich binnen „Jahr und Tag" (*annum et diem*) nicht aus der Acht gezogen habe. Dasselbe besagen die Sätze des Sachsenspiegels [2]): *Die och jar unde tach in des riches achte sin, die teilet men rechtelos* und *men dut ene in uberachte, alse ob her jar unde tach in der achte habe gewesen.*

Die Frist von „Jahr und Tag" kommt in mittelalterlichen Rechtsverordnungen nicht gerade selten vor: sie tritt uns schon in dem karolingisch-fränkischen und in dem langobardischen Recht entgegen; und seit dem 12. Jahrhundert kehrt sie in den Gesetzen verschiedener Völker häufig und in verschiedener Verbindung wieder.

Es ist nun eine weitverbreitete Annahme, daß der Ausdruck „Jahr und Tag" (*annus et dies*) nicht etwa ein Jahr und einen Tag bedeute, sondern ein Jahr und sechs Wochen oder ein Jahr sechs Wochen drei Tage. Diese Auslegung findet sich in zahlreichen Rechtsaufzeichnungen des 14. und 15. Jahrhunderts und wird heute von fast allen Rechtshistorikern vertreten.

---

[1]) MG. Const. I, 382 (Nr. 277 § 10) und 450 (Nr. 318 § 9 und 10.) Siehe oben S. 77 f. Note 5.

[2]) Sachsenspiegel Landrecht I, 38 und III, 34 (130) ed. Homeyer S. 193 f. und 327. (Vgl. K. Zeumer Quellensammlung zur Geschichte der Deutschen Reichsverfassung S. 69 und 72.)

Allerdings erklärte schon Jacob Grimm [1]), daß er jene Auslegung „weder für die ursprüngliche noch allgemein gültige“ halte: „Der Langobarde hat sich unter *anno et die* schwerlich 410 Tage gedacht, sondern die *duodecim menses* des salischen Gesetzes; selbst die späteren Auslegungen schwanken.“ Im Anschluß an diese Worte Grimms suchte dann der niederländische Gelehrte Fockema-Andreae bestimmter zu zeigen [2]), daß schon in der karolingischen Epoche und noch zur Zeit des Sachsenspiegels der Ausdruck „Jahr und Tag“ (*annus et dies*) nur ein freies Jahr (*annus integer*) bedeutet habe, daß erst später dem Ausdruck der Sinn von einem Jahr und sechs Wochen beigelegt und daß selbst in dieser späteren Zeit jener Sinn nicht überall, sondern nur „hier und dort“ angenommen worden sei: dazu verwies er neben deutschen und französischen auf niederländische Quellen meist jüngeren Datums und betonte noch im allgemeinen, daß *annus et dies* in der Bedeutung von einem Jahr und einem Tag einen gesunden Sinn gebe, daß man nicht „Jahrhunderte hindurch immer *annus et dies* geschrieben haben würde, wenn man ein Jahr und sechs Wochen gemeint hätte“.

Aber die ausführlichen Darlegungen von Fockema-Andreae, die mir im wesentlichen einleuchtend erscheinen [3]), haben die Fachgenossen ebensowenig überzeugt wie die kurzen Bemerkungen Grimms. Noch heute halten die Rechtshistoriker fast ausnahmslos an der Auffassung fest, daß die Frist sich auf ein Jahr sechs Wochen drei Tage belaufen habe: hierin stimmen vor allem auch die beiden Altmeister

---

[1]) J. Grimm, Deutsche Rechtsaltertümer (4. Aufl. 1899) I, 307.

[2]) S. J. Fockema-Andreae, Die Frist von Jahr und Tag und ihre Wirkung in den Niederlanden in Zeitschrift der Savigny-Stiftung für Rechtsgeschichte, Germanistische Abteilung XIV, 75 ff. (1893).

[3]) Die Beispiele, die Fockema-Andreae anführt, sind allerdings nicht alle von gleicher Beweiskraft; zum größeren Teil gehören sie erst der späteren Zeit an.

Brunner und Schroeder noch in den neuesten Auflagen ihrer Lehrbücher überein [1]). „Diese Frist", so schreibt Schroeder, „ist, wenn auch meistens erst in jüngeren Quellen, in den verschiedensten Rechtsgebieten so gleichmäßig bezeugt, daß die Übereinstimmung nicht auf Zufall beruhen kann.... Wenn die älteren Quellen sich durchweg mit ‚Jahr' oder ‚Jahr und Tag' begnügen, so erklärt sich dies aus dem feststehenden Sprachgebrauch, indem jeder wußte, was damit gemeint war. Erst als der Sprachgebrauch ins Schwanken geriet, hielt man es für nötig, die sechs Wochen und drei Tage ausdrücklich hervorzuheben."

Hier steht Behauptung gegen Behauptung. Bisher fehlt ein bündiger Quellenbeweis, der allein die Streitfrage zu einer sicheren Lösung bringen kann. Diesen Beweis will ich jetzt zu liefern versuchen, indem ich einige charakteristische Quellenstellen des 12. und 13. Jahrhunderts aneinanderreihe [2]).

1. In der Keure für Nieuport von 1163 [3]) steht in Kapitel 10 der bekannte Rechtssatz, daß wer Jahr und Tag in der Stadt weile, frei sei: *Quicumque hic per annum unum et per diem unum manserit, liber erit.*

---

[1]) H. Brunner, Grundzüge der deutschen Rechtsgeschichte (3. Aufl. 1908) S. 189; R. Schroeder, Lehrbuch der deutschen Rechtsgeschichte (5. Aufl. 1907) S. 739 Note 61, vgl. auch Note 59, wo weitere Literatur angegeben ist. Der Ansicht von Fockema-Andreae zugestimmt hat nur F. v. Thudichum, Geschichte des deutschen Privatrechts S. 246 Note 3 (Stuttgart 1894), halbwegs auch E. Champeaux, Essai sur la vestitura ou saisine S. 420 Note 2 (Paris 1899); andere Forscher verhalten sich völlig ablehnend.

[2]) Die Beispiele 1 und 2 entnehme ich der neusten Auflage von Brunners Grundzügen der deutschen Rechtsgeschichte S. 93 Note 1. Das besonders wichtige Beispiel 5 verdanke ich einer Mitteilung von Herrn Professor Zeumer.

[3]) Coutumes des pays et comté de Flandre Bd. V: Coutumes de la ville et du port de Nieuport (Quartier de Furnes) ed. L. Gilliodts-van Severen p. 143 (Bruxelles 1901).

2. Eine ähnliche Bestimmung findet sich in ähnlichem Zusammenhang in dem anglonormannischen Recht, in dem Tractatus des Glanvilla, der um 1180 niedergeschrieben ist [1]): *Item si quis nativus quiete per unum annum et unam diem in aliqua villa privilegiata manserit, ita quod in eorum communiam scilicet Gyldam tanquam civis receptus fuerit, eo ipso a Villenagio liberabitur.* Der Ausdruck *per unum annum et unam diem* läßt ebenso wie der in der Keure von Nieuport *per annum unum et per diem unum* keinen Zweifel über die Dauer der Frist aufkommen.

3. In der Überarbeitung des lombardischen Lehnrechts, die Aliprand, ein Zeitgenosse Hugos von Bologna, in der zweiten Hälfte des 12. Jahrhunderts verfaßt hat [2]), stehen die Worte [3]): .. *si per annum contempserit domino servire, vel post mortem domini ab heredibus ipsius, vel suo parente mortuo ab ipso domino investiri per annum et mensem, si miles est, aut per annum et diem, si privatus, sine iustitia non postulaverit, feudum perdit* ... Hier ist die Frist *per annum et diem* der Frist *per annum et mensem* scharf gegenübergestellt.

4. In der Mitteilung des Stadtrechts von Münster an Bielefeld, die in der ersten Hälfte des 13. Jahrhunderts um 1221 erfolgte [4]), wird die Frist *annum et diem* neben der

---

[1]) Ranulphus de Glanvilla Tractatus de legibus et consuetudinibus regni Angliae tempore regis Henrici II. compositus V, 5 (ed. Londini 1780 p. 76).

[2]) Über Aliprand siehe Merkel bei Savigny, Geschichte des römischen Rechts im Mittelalter (2. Ausgabe) IV, 512—17.

[3]) A. Anschütz, Die Lombarda-Commentare des Ariprand und Albertus (Heidelberg 1855) S. 195 (in der *Summula de feudis et beneficiis secundum dominum Aliprandum*). Vgl. auch K. Lehmann, Das langobardische Lehnrecht (Göttingen 1896) S. 144 Note 3.

[4]) Siehe F. Keutgen, Urkunden zur städtischen Verfassungsgeschichte S. 151 f. Nr. 144 § 7 und 17. Die häufigen Erwähnungen von *annus et dies* in den andern Stadtrechten bieten keinen Anhaltspunkt für die Fixierung der Frist.

Frist *annum et VI septimanas* erwähnt: *Si vero infra annum et VI septimanas dominus suus superveniens eum de servitute iuste convicerit, sine restitutione denariorum quos dederat a convicio alienari debet* und *Si moritur extraneus, res sue servabuntur annum et diem ...*

5. In dem Entwurf der Bulle Urbans IV. *Qui celum* vom August 1263 [1]) finden sich Darlegungen der Boten Richards von Cornwallis über Rechtsbräuche bei der Königswahl. Die Gesandten Richards, die sich über das Reichsrecht vorzüglich unterrichtet zeigen, erklären: *infra annum et diem, postquam vacat imperium, talis debet electio celebrari,* und weiter: *In discordia vero is etiam reputatur electus, de quo in loco non solito electio celebratur et in termino de communi consensu dictorum principum non statuto. Quem si forsan predicti principes infra annum et diem a tempore vacantis imperii concorditer statuant, licet non exprimant, quod ipsum peremptorium esse velint, terminus tamen ab eis prefixus taliter peremptorius reputatur.* Hiermit läßt Richard begründen, daß seine Wahl nur durch einen Teil der wahlberechtigten Fürsten vor den Toren Frankfurts am 13. Januar 1257 (*in octavis epiphanie anno domini MCCLVI*) [2]) stattgefunden habe, weil für Ansetzung einer neuen Wahlversammlung die Zeit nicht mehr ausgereicht hätte: ... *ex lapsu temporis periculum imminere, si forsan non fieret electio illa die, que ad hoc fuerat peremptorie constituta — presertim cum de anno et die post vacationem imperii quindecim dies solummodo superessent, infra quos nullo modo potuissent propter locorum distantiam et alias facti circumstantias prefati principes iterum convenire.* Da der Tod Wilhelms von Holland am 28. Januar 1256 eingetreten ist [3]), so stimmt die Berechnung auf den Tag, daß am 13. Januar 1257 nur

---

[1]) MG. Const. II, 525 sq. (Nr. 405).

[2]) Vgl. hierzu Zeumer, Quellensammlung zur Geschichte der deutschen Reichsverfassung S. 88 Note 1.

[3]) Boehmer(-Ficker) V: 5286 b.

noch *quindecim dies* bis zum Umlauf eines Jahres fehlten. Wir können also in diesem Fall auf den Tag ausrechnen, daß der Ausdruck *infra annum et diem* nur die Frist eines Jahres und eines Tages bedeutete.

6. Am 19. November 1274 erhob Rudolf von Habsburg auf dem Nürnberger Reichstag Beschwerden gegen Ottokar von Böhmen und ließ die Rechtsbräuche, die in Anwendung zu bringen waren, in einer feierlichen Urkunde feststellen [1]: *Secundo peciit rex sentenciari, quid iuris sit de rege Boemie, qui per annum et diem et amplius a die coronacionis regis Romanorum celebrate Aquisgranis contumaciter supersedit, quod feoda sua a rege Romanorum nec peciit nec recepit.* Da nun Rudolf am 24. Oktober 1273 zu Aachen gekrönt worden ist [2], so ergibt sich, daß am 19. November 1274 nur ein Jahr und dreieinhalb Wochen verlaufen waren, daß also in den Worten *per annum et diem et amplius* der Ausdruck *annus et dies* wiederum nur ein Jahr und einen Tag, nicht ein Jahr und sechs Wochen bedeuten kann.

Die beiden zuletzt angeführten Beispiele sind besonders schlagend, da sie sich in offiziellen Aktenstücken finden und so die offizielle Auffassung widerspiegeln: die Frist *annus et dies* muß sich hiernach auf ein Jahr und einen Tag belaufen haben.

Ich breche hier ab. Für meinen nächstliegenden Zweck war nur nachzuweisen, daß zur Zeit des Prozesses Heinrichs des Löwen, d. h. um 1180, der Ausdruck „Jahr und Tag" gerade ein Jahr und einen Tag bedeutete, und diesen Nachweis glaube ich zur Genüge erbracht zu haben.

Aber darüber hinaus zeigen die angeführten Beispiele ganz im allgemeinen, daß der Ausdruck dieselbe Bedeutung in verschiedenen Ländern bei verschiedenen Rechtsbestimmungen besaß nicht nur im 12., sondern sogar noch

---

1) MG. Const. III, 60. (Nr. 72 § 3).

2) Boehmer(-Redlich) VI, 4d.

im 13. Jahrhundert zur Zeit des Sachsen- und Schwabenspiegels [1]). Für die früheren Jahrhunderte wird es alsdann keines weiteren Beweises [2]) mehr bedürfen; denn der Ausdruck kann nicht zuerst im übertragenen und später im wörtlichen Sinne gebraucht worden sein; vielmehr muß die Entwicklung eine umgekehrte gewesen sein.

Die Frage, wann und wo dem Ausdruck der übertragene Sinn von einem Jahr sechs Wochen drei Tagen beigelegt wurde, brauche ich hier im einzelnen nicht zu untersuchen. Ich will nur kurz darauf hinweisen, daß diese Auslegung anscheinend nicht vor dem 14. Jahrhundert auftaucht: zuerst, so weit ich sehe, in dem sächsischen Weichbild, das wohl in den Anfang des 14. Jahrhunderts gehört [3]). Und auch in der folgenden Zeit hat diese Auslegung, wie schon Grimm und Fockema-Andreae hervorhoben, nur lokale Geltung erlangt, da daneben die ursprüngliche Auffassung von einem Jahr und einem Tag in verschiedenen Gegenden immer in Brauch blieb [4]).

Wie die Interpretation des Tages als einer Frist von sechs Wochen und drei Tagen entstehen konnte, das läßt sich in der späteren Epoche des Mittelalters, in der lokale Rechtskommentatoren vor allem praktische Ziele verfolgten, leicht erklären: mit den 45 Tagen wurde dem Jahre noch eine Gerichtsfrist hinzugefügt; es wurde als Termin der erste Gerichtstag nach Ablauf des Jahres festgesetzt. Eine solche Interpretation war zugeschnitten auf einen lokalen Gerichtsstand: sie findet sich daher nur in den Partikularrechten,

---

[1]) Das letzte Beispiel vom November 1274 fällt gerade in die Zeit des sogenannten Schwabenspiegels.

[2]) Über die Karolingerzeit siehe Fockema-Andreae a. a. O.

[3]) Sollte sich übrigens diese Auslegung doch schon vereinzelt im 13. Jahrhundert nachweisen lassen, so wäre hiermit auch nicht das geringste gegen meine These bewiesen.

[4]) Außer Grimm und Fockema-Andreae siehe auch O. Stobbe, Handbuch des deutschen Privatrechts (3. Aufl. 1893) I, 645 ff. (§ 68).

und zwar namentlich bei dem Liegenschaftsrecht in der Bestimmung über die „rechte Gewere". Dagegen wäre z. B. in der Bestimmung, daß die Königswahl binnen „Jahr und Tag" stattzufinden habe (siehe oben Beispiel 5), der Zusatz einer derartigen Gerichtsfrist schwerer zu erklären.

Der Ausdruck „Jahr und Tag" ist am einfachsten dem Wortlaut entsprechend so zu deuten, daß man nach Ablauf des Jahres noch einen Tag hinzuzählte: man rechnete z. B. das Jahr vom 1. Januar bis zum 31. Dezember und kam durch Hinzuzählung eines Tages auf den 1. Januar des nächsten Jahres [1]) (*dies praescriptionis, quae additur anno, est illa dies, quae est principium sequentis anni*) [2]). In diesem wörtlichen Sinne wurde der Ausdruck fünf Jahrhunderte hindurch, ungefähr vom Jahre 800 bis zum Jahre 1300, gebraucht; und erst in der Epoche des ausgehenden Mittelalters verfiel man bei einzelnen lokalen Rechtsaufzeichnungen aus rein praktischen Gründen auf eine Interpretation des Tages als einer sechswöchentlichen Frist.

Durch die zufällig gute Überlieferung jener späten Partikularrechte setzte sich unter den modernen Forschern die irrige Auffassung fest, daß die übertragene Bedeutung immer die vorherrschende gewesen sei, ein Irrtum, den zwar schon GRIMM und FOCKEMA-ANDREAE bekämpft haben, der aber noch heute die weiteste Verbreitung besitzt.

---

[1]) Anders erklärt FOCKEMA-ANDREAE (a. a. O. S. 76) den Ausdruck als „ein Jahr, für dessen Berechnung der Anfangstag nicht mitzählt. Fing die Frist an zu laufen am 1. Januar, so zählte man vom 2. Januar".

[2]) Diese Worte im Brünner Schöffenbuch ed. E. F. RÖSSLER, Deutsche Rechtsdenkmäler aus Böhmen und Mähren II, 150 cap. 327.

FSC
www.fsc.org
MIX
Papier | Fördert gute Waldnutzung
FSC® C083411

Kolibri 360 GmbH
Ferdinand-Jühlke-Straße 7
99095 Erfurt, Deutschland
produktsicherheit@kolibri360.de